生物系産業の倫理的行動を考える

現場から事故、偽装、不正のリスクをなくし、社会貢献のために

今井伸治 著

農林統計協会

はじめに

　生物系産業分野をはじめ、各分野で事故の発生、偽装、不正行為の発覚が途絶えることがありません。特に、以前に比べ、事故、偽装、不正の規模も大きく、その影響も大きく深刻なものも少なくありません。

　その影響は、企業等の組織に経済的、人的な損失をもたらし、組織の再編や存亡に直結する場合もあります。また、事故、偽装、不正の発生は、国民の消費活動に大きな影響を与えるだけでなく、国民の安全・安心な社会生活を損なうことになり、国家的な損失も大きいものがあります。関係業界に対する国民の信頼性も大きく損ない、関係の科学技術の信頼も揺らぐことになります。

　最初に、本書のタイトルで「生物系産業の倫理的行動」とあるように、生物系産業を念頭にしています。「生物系産業」は、言葉のとおりでは広く生物資源に関する産業で多くの分野を含む概念であります。動植物資源、森林資源、微生物資源、未利用生物資源などの生物資源を効果的に、効率的に利用する産業です。一般的な産業で言うと、本書では、主に川上の「農業」と川下の「食品産業」を中心に念頭にしています。いずれも、生物資源を基盤にした産業であります。生物資源を利用している農業、食品産業などは、日々の食べ物や生活に直結しており、人の生命、健康や快適な生活に直接影響するものです。このため、実践的な倫理的行動が強く求められる分野です。なお、倫理的行動の基本は他の分野でも共通なことが多いことから、他分野の産業においても十分参考になるものであると考えます。

　本書は、事故、偽装、不正の発生を少しでもなくすことを願って、「倫理的行動」を考えるものであります。産業における倫理的行動は、社会の安全・安心を図り社会の発展に貢献するものでなければなりません。本書は、生物系産業

という特定産業の倫理的行動であるから、哲学的、道徳的なものを論じるものではありません。現実的な実践的な「職業倫理」として考えるものです。職業としての倫理的行動は、実際の業務に役に立ち、実際に事故、偽装、不正の発生を防げなければ意味がないものです。つまり、倫理的行動の結果が目に見えるものでなければなりません。倫理的行動は、理念主義ではなく結果主義です。

　そのために、過去に発生した実際の事故、偽装、不正の事例を重要な教訓として取り上げて考えることとしています。事例の教訓は、同じようなことを繰り返さないようにする上で大変に役に立つものです。現実な事例から教訓を得ることで、現実的かつ実践的な倫理的行動がより深まるものと考えられます。このようなことから、取り上げた事例は、教訓を得ることを目的にしているもので、それ以上の意味はないものです。

　次に、本書の副題として「現場から」としています。現場とは、一般に、実作業が行われている場所という意味で捉えられることが多いと思います。したがって、主に、技術や技能的な実作業をしている場のことを言うことが多いと考えられます。しかしながら、どんな業務も相手があり現場があり、現場と接しています。また、どんな業務も、現場と分離区別されているものではなく各業務が有機的に連携しているものです。その意味では、現場を分離された限定的なものとして捉えることはないと考えられます。

　ところで、組織の不正や不祥事が発生し、社会的にも問題となった時に、経営管理者が、「現場がやったことなので知らなかった」という発言をすることがあります。この「現場」という意味は、管理的な業務でない現業という意味であると思われ、分離された別組織であるかのように捉えている感じがします。このような状態では、孫子の兵法にあるように、己（おのれ）を知らなければ、既に戦いに負けているという状況に陥っている、と考慮されます。現代的に言えば、組織の意思疎通とガバナンス（統治と責任）が名実ともに希薄であったと思われます。

　一方で、「現場主義」ということもよく言われます。現場の状況をよく知り現場の課題の解決に重点に置くということであります。よくよく考えれば、これ

は、業務が迅速に円滑に回るためには当然のことです。管理業務や販売業務に
おいても、それぞれに相手があり実務業務を抱えています。現在、経済社会の
変動が激しくなり、あらゆる産業においてスピードある対応が不可欠となって
います。情報伝達の速度も飛躍的に高まっています。現場を含めた組織一体と
なったスピードある意思決定と取り組みが不可欠となっています。今までのよ
うに、現場は、組織の中で切り離されたものではないことを強調しておきます。

　本書の主題である「現場から事故、偽装、不正の発生を防ぐため」には、具
体的な倫理的行動として、リスク（危険可能性要因）管理が一番重要で不可欠で
あります。そのためには、現場において、積極的にあらゆるリスクを見つけ（探
索）、そのリスクを減少、解消すること（管理）が最も重要です。そのリスク管
理を継続することも必要なことです。なお、本書は、通常の現場に関すること
を中心にしているので、いわゆる管理的リスク、法務的リスク、会計的リスク
などは直接論じていません。なお、これらのリスクは、現場のリスク発生と密
接な関係があります。それぞれのリスクは連動することが多いものです。

　倫理的行動は、「自律」が大前提の重要なキーワードです。哲学者カントの「実
践理性」は難解であるが、自律とは実践理性が自ら普遍的な道徳を立ててこれ
に従うことであります。分かりやすくは、自らの規範に従って行動することで
あり、他から言われてやるのではなく、自ら考えて納得して行動することです。
　もともと、現場のモノづくりは、納得し満足することにより良いものを作り
あげてきました。納得し満足するということは、技能的なものだけでなく、危
険なことや不具合なことがないこと、ルールに反したことがないことでもあり
ます。このためには、このようなリスクを常に探索して、その解消に努めるこ
と、つまりリスク管理が大変に重要なことです。自らの自律的行動として納得
して行動するということが、業務を遂行する上での倫理的行動としての基本で
あります。
　なお、本書は、農業者や個人業者も念頭に置いていることもあり、組織に属
しているという意味が強い「雇用者」「従業員」「労働者」という用語はあまり

使わず、極力、「従事者」という言葉を使っています。もっとも、組織の中であれ外であれ、自律性を持つことが大事であるという意味でも「従事者」とする方が妥当であると考えています。

　現代社会は、高度に専門化した技術・システムによって支えられており、現場の業務においても高度で複雑な作業となっています。また、組織の体制も、複雑に分化しています。商品の流通も巨大化し広域化しています。また、消費者の安全・安心に対する意識も大変に高いものとなっています。

　このような状況を踏まえると、生物系産業における現場の倫理的行動としては、複層的で重層的な側面から考えなければなりません。具体的には、①心掛けはいかにあるべきか、②科学技術を利用する者としてはどうあるべきか、③生物系産業の従事者としてはどうあるべきか、④組織の中ではどうあるべきか、⑤社会・消費者との関係ではどうあるべきか、⑥地域環境と地球環境に対してはどうあるべきか、などが考えられます。

　とくに、生物系産業が、自然環境と生物資源（バイオマス）を基盤としていることから、地球規模の環境保全、地域の環境保全、バイオマス利活用の促進、生物多様性と生物資源の増進についても、実践的な倫理的な取り組みとして重要です。

　地球環境問題においては、地球の大気中の二酸化炭素などの温室効果ガスを削減することが最大の課題です。人類は1つの同じ地球上に生存していることから、全世界の国、社会、人が取り組まないと地球温暖化防止の成果が出ないものです。我が国も、2050年までに温室効果ガスの排出を全体としてゼロにして脱炭素社会の実現を目指すことを表明しました。このためには、温室効果ガス削減の世界的な取り組みルールの枠組みの中で、革新的なイノベーション、グリーン投資などの加速的な促進が必要ですが、それぞれが自らの倫理的規範としての自律ある取り組み行動を積極的に実施するということが基盤になければなりません。自分のためだけでなく、みんなのために行動することが、まさに倫理的行動です。地球環境問題は、世界的な倫理的行動の問題でもあります。

　ところで、新型コロナウイルスの感染拡大の防止が世界的な大きな課題となっています。この新型コロナウイルス感染防止についても、世界的な取り組みの問題であるとともに、まさに、世界の1人1人の行動の問題でもあります。新型コロナウイルスから人の健康と命を守るためには、1人1人の自律ある倫理的行動が不可欠であります。世界には、法律により都市封鎖や外出罰則などを実施している国もありますが、最終的には、1人1人の自律ある倫理的行動が不可欠なものと考えられます。

　関連して、生物系産業においては、従来から、家畜の伝染病の発生に悩まされてきています。代表的なものは、高病原性鳥インフルエンザ、口蹄疫、豚熱（CSF、豚コレラ）です。これらの病原体はいずれも、新型コロナウイルスと同じ病原性ウイルスであり、海外からの侵入によるものです。感染防止のためには、家畜の移動制限区域を設けることもあります。このような家畜伝染病の感染拡大の防止のためには、ともかく、「早期発見」「スピーディな初動」のリスク管理と危機管理の徹底が不可欠であることが教訓となっています。早期発見と初動の重要性は、人の新型コロナウイルスの場合も同様であります。

　本書は、第1章から第18章までの構成になっていますが、どの章から読んでも理解できるようにしてあります。そのため、各章に、重複する記述が多少ありますことをご了承下さい。各章の内容は目次でも分かりますが、概略次のとおりです。

　第1章と第2章は、倫理的行動の構造と基本的な心掛けなどを述べています。第3章と第4章は、生物系産業の従事者としての具体的な心掛け、技術関係者の倫理的規範について解説しています。とくに、第5章では、過去に発生した事故、偽装、不正の事例を時系列的に簡潔に解説しています。時代によって特色のある様々な事故等が発生しており、これらから教訓を得ることができます。

　第6章から第9章までが、本題とも言うべきもので、リスクの種類や事故等発生のタイプ、さらに事故等を防ぐために最も重要であるリスクの探索、リスク評価、リスク管理を中心に説明しています。また、第10章では、特に危機管理について事例を踏まえて解説しています。

　第11章から第13章は、倫理的行動と密接な関連がある法的な制度を解説しています。取り上げているのは、公益通報者保護制度、民法の不法行為、製造物責任法です。また、第14章では、食品と農業の安全品質管理として注目されているハサップ（HACCP）、ギャップ（GAP）を中心に説明しています。

　第15章から第17章は、倫理的行動としても、今後とも、重要な課題である地域環境保全、地球温暖化防止対策、バイオマス利活用、さらに生物多様性と遺伝子源を中心に述べています。第18章では、イノベーションと農業発展について述べています。2050年に向けて脱炭素を促進し、持続発展的な社会を実現するためにも、生物資源をエネルギーとマテリアルに最大限に利活用することが必要です。

　本書は、事例等を多く取り上げて、分かりやすく説明するように心掛けました。現場はもとより多くの関係者に読んでいただければ大変ありがたいと思います。

　最後に、生物系産業において倫理的行動が一層促進されて、特にリスク管理等の徹底により、事故、偽装、不正の発生がなくなることを願っています。これにより、生物系産業の信頼性が向上するとともに、さらに安全・安心な社会が実現し、日本及び世界の発展に貢献するように願っています。

　なお、本書は、筆者が大学の講師として担当した「技術者倫理」の講義内容を参考にし、必要なことを付け加えて記述したものであることをお断りしておきます。また、公益社団法人日本技術士会の倫理委員会に所属し、貴重な知見を得ることができたことを感謝しています。

2020年12月　　　筆者

目　　次

第1章　生物系産業の倫理的行動の構造
―倫理的行動は下からの積み重ね構造―

現場の具体例で考える

　現代産業社会において、職業倫理はその職業を適正に遂行し社会の信頼性を得るためには、なくてはならないものである。医師の倫理、公務員の倫理、研究者の倫理、ジャーナリストの倫理など、それぞれの分野で特有の倫理が存在している。これらの倫理は、業務範囲が特定で明確であることから、倫理規程も明確なものが多い。

　一方で、生物系産業の範囲は広く多岐にわたり、関与する者も多数いることから、倫理的行動について、考慮する事項も多岐にわたる。特に、事故、偽装、不正については種々のものがあり、その倫理的内容も多様となる。

　現場における具体的な倫理行動を考えるために、最初に、実例を元にした例を紹介することにする。生物系産業の代表的な食品製造工場の具体例である。かなり以前のことであるが、実際にあったことを元にしたものである。

食品製造工場での具体例

・ある食品製造工場 (中小規模) は、いろいろな食品を製造していた。その中でも、オレンジ・マーマレードは、「手作りでおいしい」というキャッチフレーズで売り出し、評判も良い商品であった。

・若手社員Aは、技術系であったことから、オレンジ・マーマレードの製造部門に配属になった。

・原材料は工場側で用意されてあった。原料は、柑橘類、ペクチン、砂糖 (白糖)、そ

れに人工甘味料であった。

- 直属の上司の指示で、社員Aは、各原料を決められた量を正確に計量し、計量された各原料を容器に入れて、混ぜ合わせる作業を行った。
- 混ぜ合わされた原料は、決まった適量に計量されて、小瓶に入れられた。それを、別の担当者が一括して加熱器で加温し、ラベルが貼られて完成製品となった。
- 製品の瓶のラベルの原料表示には、各原料が表示されていたが、甘味料関係は「甘味料」とだけ記載されており、人工甘味料の名称は記載されていなかった。

　この具体例において、若手社員Aが担当したのは、食品製造工程の中でも、原材料の計量と混合、瓶詰の過程であった。この作業を通じて、社員Aは次のような疑問を持った。

- 原料として使用している人工甘味料に懸念を感じた。それは、当時、この人工甘味料は、有害性の疑いがあるとして国で安全性について論議していると、新聞で読んだことを思い出したからである。
- このオレンジ・マーマレードは、「手作りでおいしい」ということで子供達も食べているので、子供達の健康に影響を与えることも心配になった。
- 製品の瓶容器のラベルに、この人工甘味料の名称が記載されていないのも気になった。

　この具体例での懸念は、当該人工甘味料の取り扱いである。この人工甘味料は甘味が強いため、食品の甘味を増すために使用されていたものであった。その当時は、まだ使用禁止となっていないから法律違反行為ではなかった。また、人工甘味料の名称そのものを表示しなければならないという法令的な規定があるかどうかは、社員Aは認識していない状況であった。

　社員Aの疑問は、法令上の直接的な疑義ではなくて、まさに倫理的な疑問である。このような倫理的な疑問を持つことが大切で、倫理的行動の第一歩となるものである。倫理的行動は、他者から言われるものではなく、自らの自律的な感性がその基礎となるものである。このまま放置すると、食品の安全・安心に対するリスク（危険可能性）が増大することに繋がる可能性が大きくなる。

　この具体例において、安全性に関するリスクの1つは、この人工甘味料の名称に表示の義務があった場合である。この場合は、製品のラベルの原材料欄に名称を表示していなければ、既に原材料の不表示偽装であり違法行為となる。

　その2つは、有害性が疑われて国で審議されている人工甘味料を、原材料に使い続けることのリスクである。漫然として使い続けることは、違法行為に陥るリスクを抱えることとなる。具体的には、使用禁止になった時点で、知らずに、そのまま使用しておれば法律違反行為となる。また、禁止された人工甘味料について廃棄処分や他の甘味料の切換えが的確にできなかった場合、在庫の当該甘味料を使用するという違反行為をする危険が大変に大きくなることである。

　また、食の基本にかえれば、食品は、安全で安心で、おいしくて、健康を育むものでなければならない。この意味で、安全性が疑われている原材料を使い続けること自体、そもそも倫理的でないということもできる。安全性について疑問が生じている段階で使用を中止して、他の原材料に切り替えることが必要であるとも考えられる。

　なお、この具体例では、社員Aは、当該人工甘味料が禁止される前に、別の部署の担当となった。したがって、この製造工場において当該甘味料の取り扱いがどうなったかは詳しく把握しなかった。ただ、その後も、同じ製品のオレンジ・マーマレードは販売され続けていた。買って食べてくれた子供達や消費者に対して申し訳なかったという思いが残った。結果的に、疑問を持つだけで終わったが、あの時にどうすれば良かったのか、業務を淡々とやっていただけで良かったのか、その後も思い込むことがあった。

　現場においても、日常的業務に精励する中で、このような倫理的な思いを持つことは重要なことである。そのような思いが、倫理的な行動につながることになる。ともかく、食品は、人の命と健康に直結するものであるから、業務に当たっては、倫理的に十分な注意が不可欠である。

具体例に見る倫理的課題

　前述の具体例に見るように、生物系産業に従事する者は、命と健康に深く関

わる食の性格からして、倫理的行動が極めて重要である。倫理的行動が、ひいては、事故、偽装、不正を防止することとなる。単純な具体例においても倫理的な観点から多くの課題を見出すことができる。その課題を3つ列記すると次のとおりである。

① 常時的に倫理観を持つこと

倫理観というと抽象的でむずかしいことのように思えるが、法令、規則等に違反することはやらないことは当然であるが、加えて、人の安全や健康に対して疑問のあることは避けるようにすることである。当然であるが、消費者の安全と安心と健康を守ることを最優先にすることである。そして、常に、消費者に対して思いやる心掛けをもっていることが、何よりも貴重である。

従来から行ってきた業務も含めて、倫理的観点から常時、自律性をもって思慮し行動することが重要である。

② 気軽に相談できる職場環境が必要

具体例は、思い悩んで終わりになった。直接の上司や関係者に、単純な疑問について、率直に相談できれば、気が楽になり事態が好転する可能性もあった。原材料について知識のある者に問いかければ、疑問も解消することになる。率直に相談できる場や機会がないことは、現場の従事者にとっても組織にとってもよくないことである。現場で不具合なことや疑問を持っていることが解消できないことは、士気が下がり作業効率にも影響が出て、業績にも悪影響が出ることになる。

③ 今までの業務や小さな業務も点検

今までやっていたことだから問題ないとか、小さなことだから無視すると大きな問題となるリスク(危険可能性)を見逃すことになる。具体的事例でも、人工甘味料の有害性が社会的に議論されているという状況変化があったにも関わらず、漫然と使用を継続すれば、リスクを抱え、大きな法令等の違反に発展することになる。技術の進展は日進月歩であり、事業を取り巻く環境も日々大きく変化する。また、社会、消費者の安全、健康に対する考えは厳しくなってきている。したがって、どんな業務でも、絶え間ないリスク点検が必要である。

　ところで、昔のように、小さな町で、パン屋さん、村の鍛冶（かじ）屋さんが中心であった時代には、倫理的行動をことさら強調することはなかった。パン屋さんは、おいしいパンを、村のかじ屋さんは、丈夫で使いやすい道具を作ることに専念していた。皆に喜ばれるように朝から晩まで一所懸命に働いていた。買う人は、みんな顔見知りであった。江戸の町では、長屋の一角に米（つきごめ）屋があり、玄米を臼（うす）で搗（つ）いて精米（白米）に加工していた。米を搗くのは長屋の一角に住む職人であり、町内でお互いみんな顔見知りである。これらは古い時代の例であるが、このような世界では、ごまかすとか手を抜くというようなことはしないだろうし、できないであろう。

　一方で、近年、企業、組織による事故、偽装、不正等が多く発生して、社会的に大きな問題となっており、現場においても倫理的行動が強調されている。これは、近代社会が科学技術の発展により、手づくりのモノづくりから、大量生産、広域流通、高度・複雑な技術を駆使する生産体系となったことの要因が大きい。また、生産組織の規模も大きくなり、組織も分化・分担体制となっている。

　食品産業においても、食品加工技術が高度に発展し、使われる原料も豊富になり、添加物類も多くなっている。また、生産規模は大きくなり、商品も多様となり、流通規模も巨大となり、遠方にわたる流通となっている。国民、消費者に及ぼす影響は比較にならないほど大きくなっている。このように、倫理的行動に関係する近年の背景を列記すると、以下のようである。

ア．科学技術が高度・複雑化し原材料も多様となり、製品・サービスについて、消費者の理解を越えるようになったこと。

イ．企業、組織の業務の体制が細部分担化し、多数の部門により構成されるとともに、責任関係も分散するようになったこと。

ウ．物流システムが発展し、製品の生産者と消費者の距離が物理的に広がったとともに、両者の意思疎通の距離も大きくなったこと。

エ．農業及び食品製造業において、多くの農薬、食品添加物等が使用されてきていることもあり、健康と安全性について国民の関心が強まっていること。

オ．高度かつ大量生産システムにより、製品・サービスの不具合等による事故等について、受ける影響の範囲が格段に大きくなり、影響の度合いも深刻となったこと。

　以上のような状況においては、生産・流通サイドにおいて、倫理的責任が希薄になる恐れが十分にある。消費者サイドにおいては、事故等から受ける質的量的な影響が大きくなっており、食の安全・安心に対する不安が生じやすい状況となっている。

　このような状況は、ある意味では、科学技術の発展の結果でもある。科学技術の高度化は、現代社会の発展に大きく貢献してきたが、反面、社会に対してマイナスの影響を与える要素がある。科学技術に起因する事故の発生、欠陥商品による損害の発生、食品の有害物質の混入による健康被害の発生などである。また、地域や、広域地域における環境汚染の発生などもある。被害者救済や環境回復に長期間を要し、社会的な損失も膨大なものとなっている。

　一方、食の安全・安心に対する社会、消費者の関心は極めて高くなっており、食品事故、食品偽装、不正等に対する国民の関心と批判は、以前と比較にならないほど強くなっている。加えて、以前はあまり問題にならなかったような異物混入についても、ネット情報化の飛躍的進展もあり、大きな問題に発展している。

　さらに、産業革命以来、産業の飛躍的な発展に伴い、石油資源の大量消費による温室効果ガスの増大で、地球的規模の環境問題が生じている。世界的に地球温暖化防止（温室効果ガス削減）、生物多様性の保全など地球的規模の倫理的行動が求められている。

　このような科学技術の発展に伴うマイナスの影響について、その防止あるいは抑制するためには、科学技術関係者の取り組みは当然として、現場の業務に携わる従事者の努力も必要である。産業に従事する全ての者においては、それぞれの立場で、事故、偽装、不正等を防止するための倫理的行動が不可欠となっている。逆に、従事者の倫理的行動が、業務の発展と組織の信頼性を高め、社

会に大きく貢献することとなる。科学技術創造立国を標ぼうするわが国にとっては、科学技術の信頼性を損なわないためにも、産業に従事する者の倫理的行動が大事である。

　特に、生物系産業においては、食の安全性と安心性を追求し、地域環境の保全と地球的環境問題に積極的に取組み、社会への高い貢献を目指すために倫理的な行動が極めて重要である。

倫理的行動は重層的構造

　以上のようにいろいろと考えると、倫理的行動は単純なものではない。前述の食品製造工場のような事例を見ても、業務の中における倫理的行動は、個人個人の意識と行動だけでなく、周辺関係者との関係も大変重要であることが分かる。さらに、現場の従事者の倫理的行動は、組織（会社等）の中で発揮されるだけでなく、組織を通じて究極的には社会に対して発揮するものである。

　一方で、従事者個人の倫理的行動がそのまま、組織の中ですぐに取り入れられるとは限らない。さらに、組織の倫理がそのまま社会にとって適切なものであるとは限らない。また、今日においては、現場も組織も世界も、持続可能性のある社会の実現のため、地球的規模の取組みを視野に入れた倫理的行動を行うことが不可欠となっている。

　このように現場における倫理的行動を考えると、いろいろな要素と場面があることになる。ここでは、人間の行動は、身近なところから順次、遠いところに関与していくという自然な関係を念頭にして考えることとする。つまり、実践的な倫理行動は、個人、組織、社会、地球とそれぞれの段階で倫理的な行動を考えるものとする。ただし、この段階はバラバラな関係ではなく、積み重ねの重層的な関係にある。個人の倫理的行動があり、その上に、順次、積み重なっていくものである。

　つまり、「人としての倫理的行動」が基礎となり、その上に「科学技術の利用者としての倫理的行動」、その上に順次、「生物系産業の従事者としての倫理的行動」「組織の中での倫理的行動」「社会・消費者との倫理的行動」「地域的環境と地球的環境との倫理的行動」と積み上がっており、重層的な倫理的構造となっ

ていると考えられる。この場合、肝心なことは、下の部分が、しっかりしていないと次の上の段階がしっかりしないのである。最初の基礎となる「人としての倫理的行動」があって、それが土台となり、順次、台形状の積み重ねの構造となると考えられる。

倫理行動のポイント

それぞれの重層的な各段階についての倫理行動のポイントは、以下のとおりである。

① 人としての倫理的行動

従事者は、どのようなバックグランドを持っていようと、どのような立場であろうと、自立した個々の人間である。自立した人間は、自ら考えて納得して行動するという自律性の高い倫理的行動をすることが基本的なことである。倫理感は、外から与えられるものはなく、本来、内在するものである。

社会的な倫理的行動は、「社会的正義」にのっとり、「正直」「誠実」「公正」に行動するということであり、日本の社会に古くから存在していたものである。民法においても第一条で、「信義に従い誠実に行われなければならない」と基本原則が定められている。誠実に行動することは、社会生活でも職業従事においても実践的な倫理的行動の基本として最も重要なものである。

さらに、職業としての倫理的行動が、社会に作用するためには良い心掛けが必要である。良い心掛けが、良い行動を生むのである。社会に作用する心掛けとしては、後述するように「相手の立場になって行動する」というのが最も明快で分かりやすいと考える。社会生活でも、業務の実施においても、相手のことを基準として考えて行動することが、実践的な倫理行動となる。

例えば、職場におけるパワーハラスメントを事前に防止するには、相手の立場になって行動することを徹底することが、真の防止となると考える。最近、「おもてなし」の大切さが言われているが、この「相手の立場になって行動する」という心掛けがあることにより、自然とした「おもてなし」の振る舞いとなる。

②　科学技術の利用者としての倫理的行動

　現場の業務は、程度の差はあるが、科学技術やそれを基盤とした技能を駆使しているものが多い。その科学技術は、自然の原理・法則を基礎に組み立てられたものである。したがって、科学技術を応用した業務は、正確性と正直性が要求され、本来、恣意的に勝手な解釈やごまかしで実施することはできないものである。科学技術の利用者は、正直で誠実な倫理的行動をとらなければならない。科学技術を基盤にした業務は、原理原則に忠実であり、分析、観測データは不可侵のものである。したがって、測定値やデータの改ざんなどはあってはならないものである。このことは、技術を基盤とした生物系産業においても当てはまるものである。

　これに関連して、科学技術の向上と国民生活の発展に資することを目的として、技術士制度が制定されている。この技術士法に規定される「技術士」は、科学技術に関する専門知識と経験があり、公益を確保するため、高い技術者倫理性を備えた優れた技術者とされている。重要なことは、技術士法において、倫理的な規定が定められていることである。最も重要な倫理的規定は、技術士の義務として、「信用失墜行為の禁止」と「公益確保の責務」である。

　後者の「公益確保の責務」とは、具体的には、公共の安全と環境保全と規定されている。この公共社会の安全と環境保全の責務という倫理規定は、技術士だけでなく、広く、現場の技術的関係者、技能者にとっても当てはまるものである。このように、技術士法の規定からしても、現場の従事者は、高い倫理性を有して行動しなければならない。

③　生物系産業の倫理的行動

　生物系産業は、当然であるが生物資源を利用して成り立っている。川上の農林水産業は動植物を育て、川下の食品産業はそれを加工製造しており、流通産業はそれらを運送し販売している。いずれも、直接、間接的に生き物を素材とした食品を扱っており、生活と暮らしに密接に関連し、命と健康に密接に関係するものである。したがって、生物系産業の従事者は、正直で誠実であることが求められる。

　食べ物は人の口に入れるものであることから、有害物質の混入はもとより、

異物の混入や、食材をごまかすということはあってはならない。また、食品の原材料、表示等の偽装などの消費者の不信感を招く行為は避けなければならない。近年、今まで以上に、消費者の健康、安全志向は大変に高まっている。したがって、何よりも優先して、安全厳守し消費者の安心を第一にしなければならない。

さらに、倫理的行動の一環として、生物系産業の従事者は、生物資源に依存し利用する者として、地域環境と地球環境の保全に最大限の行動をする必要がある。特に、生物資源を維持増大するためにも、生物多様性（バイオ・ダイバーシティ）を促進することが重要である。他産業の従事者以上に、生物資源（バイオマス）についてエネルギー利用やマテリアル利用に積極的に取組み、地球温暖化防止のために大きく貢献しなければならない。バイオマスの利活用は、環境の保全と資源のリサイクルを促進する意味でも、倫理的な行動として重要なものである。

④　組織の中での倫理的行動

現場の従事者の倫理的行動は、本来、組織（会社等）の活動と方向性は一致しているものである。しかしながら、従事者の倫理的行動と組織の倫理行動に調整が必要な場合もある。業務活動においては、関係の法令、各種ルール、品質基準に従って、適正に実行しなければならない。しかしながら、これに反して、事故、偽装、不正が発生する場合がある。これらの発生を防ぐことが職業における倫理的行動である。顧客、消費者、広く言えば社会に対して被害を与えないことで、社会に貢献することが倫理的行動である。このことは、技術士法における倫理規定の「公共社会の安全の責務」でもある。

この事故、偽装、不正を防止し安全を確保するために、現場における行為として重要な取り組みが、リスク（危害可能性）の探索、リスクの管理（リスクの軽減、解消対策）である。現場の従事者は、このリスクの探索とリスク管理を徹底的に継続的に実施することが何よりも必要である。このためには、担当業務及び周辺業務について、不具合や納得できないことがあれば、常に説明できる状況にあることが重要である。この「説明責務」は、自律性の高い職業人として当然のことでもある。なお、不正等が発覚したとき、組織の経営管理として、

ガバナンス（統治と責任）、コンプライアンス（法令倫理規範順守）の不備がよく問題となる。ガバナンス、コンプライアンスが有効に機能するためには、管理部門と現場のそれぞれの説明責務が果たされており、双方向の情報伝達と意思疎通が不可欠であること言うまでもない。

　さらに事故、偽装、不正の発生につながるリスクは、常に発生しており、なくなることはないという共通認識が重要である。そのため、不断のリスクの探索、リスク管理が必要である。

⑤　社会・消費者に対する倫理的行動

　業務活動は、究極的には社会・消費者に貢献するものである。したがって、業務における倫理的行動は、社会・消費者の安全、健康、福祉の増進に寄与しなければならない。社会的な倫理規範のうちで、基本的で重要なもので明文化したものが法律であるといえる。安全に関する各種の法律を順守することは、倫理的行動を促すことにもなる。ただし、法は罰則規定を設けることにより、違法行為の実行を抑止している。違法行為を事前に防止し、社会に反する行為を防ぐには、第一に倫理的行動を実行していることが基本である。

　事故、偽装、不正については各種法律により罰則が設けられている。また、農業資材の品質確保、適正な作業工程の実施、食品の品質・安全管理などについても各種の法的規定があるので、これらの法律を順守することは倫理的な行動でもある。また、他人に損害を与える場合として、民法で「不法行為」が規定されている。これは、端的にいえば、注意義務違反によるものである。特に注意すべきことは、専門業務の注意義務のレベルは、一般の注意より高いレベルの注意が必要であることである。専門技術業務においては、高いレベルの注意を常に払わなくていけないのである。

　さらに、製造物責任法においては、製品に欠陥があれば不法行為の有無と関係なく賠償を負うこととなっている。このため、日頃から欠陥のないモノづくり、使用上の注意書きの徹底などが大変に重要となっている。このように、業務における倫理的行動として、安全に対しては万全な注意を払わなければならない。

⑥　地域環境及び地球環境の倫理的行動

　生物系産業は生物資源に立脚した産業であり、生物と環境に密着し依存した産業である。このことからも、生物系産業の関係従事者は、環境保全には特に力を入れなければならない。環境保全は、地域レベルの環境保全から地球的規模の環境保全がある。いずれも、1人1人が、組織全てが、世界の国々がみんなで取り組まなければ効果が上がらないものである。この意味でも、すこぶる倫理的行動の課題であると言える。

　環境保全は、地域の広がりから見ると、地域的環境、広域的環境、地球規模環境に分けて考えることができる。地域環境は、近傍の河川等の汚染である。広域的環境は、いわゆる公害レベルの汚染である。これらの環境汚染は、今では、法的規制等もあり発生は抑制されているが、汚水の不法排出、廃棄物の不法投棄等は度々発生している。過去の公害等の教訓を十分に活かし環境保全の徹底をしなければならない。

　今日においては、地球的規模の環境保全が大きな課題となっている。ただし、地域環境と地球環境は別々なものではなく、地域環境の総和が地球環境でもある。地球規模の温室効果ガスの削減は、全ての組織、職場がそれぞれの範囲で取組まなければ削減目標を達成できないものである。

　温室効果ガス削減については、2050年に「世界で半減、わが国を含む先進国で80%削減」に向けて取り組むこととしていた。その後、わが国は、2050年までに温室効果ガスの排出を全体としてゼロにすることを目指すと表明している。達成できなければ、地球温暖化が加速し、世界的な気候変動と大規模な自然災害が多発し、生態系にダメージを与えることになる。食料生産環境を悪化させ、生物系産業に大きなダメージを与えることになる。このため、生物系産業としても、省エネルギーを促進し、再生可能エネルギーの促進、バイオマス素材の利活用を積極的に促進することが必要である。

　特に、生物系産業は、生物資源に立脚していることから、生物資源の保全とその基となる生物多様性の増進が不可欠である。このため、自然生態系の保全、生物の種の保全、遺伝資源の保全が大変重要となっている。

　以上のように、生物系産業における倫理的行動は、納得のある働きがいのある職場の形成に寄与し、社会に対する負の影響である事故、偽装、不正の発生を防止するものである。これらを通じて、各々の組織が社会的責任 (SR) を果たし、安全・安心な社会を実現し、社会の発展に貢献するものである。また、このことは世界的な目標である「持続的な開発目標 SDGs」の実施にも貢献するものである。

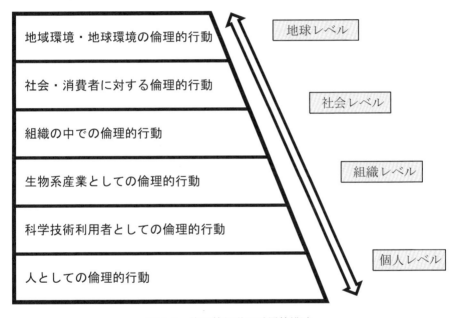

図 1-1　倫理的行動の重層的構造

第２章　倫理的行動の人としての心掛け

―相手の立場になって行動する―

古来の教え

　倫理的行動は重層的なものであるが、一番土台にあるものは「人としての倫理的行動」である。産業の従事者は当然に人であるから、人としての良い行動を心掛けなければならない。この「良い心掛け」とは、どのようなものであろうか。「心掛け」を考える場合、産業の従事者の倫理的行動は、実践的なものであるから、理念的、抽象的なものにはあまり踏み込まないものとする。つまり、産業従事者の倫理行動は、単に心中で思いや瞑想するだけでは意味がなく、外部に対する行動に表れることに意味があるものである。相手の人間に対する行動、社会に対する行動について、倫理的な行動はいかなるものであるかを考察することが重要である。この際、「良い心が、良い行動を生む」という言葉があるように、行動は心掛けの表れでもある。人として、相手に対する倫理的行動において、心掛けはいかなるものであるかを考える上で、大変に参考になるものとして古来の教えがある。

　このような良い心としての「心掛け」について古来の教えなどを参考にして考える。聖書には次の言葉がある。

> ・「あなたがたの天の父は、求める者に良い物をくださるにちがいない。だから、人にしてもらいたいと思うことは何でも、あなたがたも人にしなさい。
> 　これこそ律令と預言者である」(新約聖書　マタイによる福音書7)

　この言葉は、黄金律（ゴールデン・ルール）ということがある。人の行動とし

て守らなければならない絶対的な心得であるということである。人に対する接し方がどうあるかは、宗教的にも最も基本的なものであることが分かる。この「人にしてもらいたいと思うことは何でも、あなたも人にしなさい」という言葉は、その前段の言葉にあるように神（天の父）の恵みを前提にして、人間の行動の心掛けとして最も基本的なものとしていると考えられる。

　論語（儒教）には、道徳的に心掛けるべき言葉が多く述べられている。この中で、人に対する倫理的行動に関するものに次の2つの言葉がある。

・孔子は常に4つのことを教育した。「学問、実践、誠、偽りのないことである。(子、
　四を以て教ふ。文・行・忠・信。(論語　述而第七―二十四)」
・ただ一言で一生をとおして行動する際の心すべきことを尋ねられて、孔子は言った。
　「それは恕（思いやり）だ。自分が人からされたくないと思うことを、人にもしない
　ことである。(其れ恕か、己の欲せざる所、人に施すこと勿れ。論語　衛霊公第十五―二十三)」

　いずれもよく知られている言葉であり、簡潔で大変分かりやすい言葉である。実践的な道徳でもある。1番目の言葉は、学問し、それによる実践が重要であると言っている。また、実践により学ぶという意味が込められている。この際、誠実と信義を心掛けなければならないと教えている。これらのことは、現代においても、あらゆる行動の基本姿勢でもある。

　論語には日常に生きる人間として守るべき多くの心掛けが簡潔に示されている。2番目の言葉の「己の欲せざる所、人に施すこと勿れ」という言葉は、特によく知られている。これは、「恕（思いやり）」の例示で言っていることを理解しなければならない。論語の別のところで、「忠恕」という言葉があり、「心からの思いやり」が最も基本であると説いている。

　この聖書の言葉と論語の言葉は、大変によく似ている側面がある。偶然なのか、あるいは東西に共通な人類の普遍的な考え方なのか、とも考えられる。人類の歩みは、厳しい争いがある中でも、相互に理解し良好な社会を保つことに努めて発展してきた歴史でもある。このため、他者への働きかけ方が最も重要

で基本であり、その働きかけの在り方が古くから説かれてきた。

　ところで、聖書は「人にしてもらいたいと思うこと」は人にしなさい、である。一方、論語の言葉は「自分の望まないこと」は人にしてはいけない、とある。聖書が「してもらいたいこと」、論語が「望まないこと」と表現しており、両者のとらえ方の面が相違しているところがおもしろい。西洋と東洋の考え方のスタンスが表れているようにも思われる。

　仏教には、多くの経典がある。仏教は覚りに到達することを基本とするため、そのための心の修行が重要視されている。法華経には、「六波羅蜜」という6つの修行の実践的な倫理的行為が出てくる。これにより、修行が完成し、最高の悟りに到達するとされている。六波羅蜜の6つの修行項目とは、「布施」「持戒」「忍辱」「精進」「禅定」「智慧」である。布施とは、他者に物質的あるいは精神的な「ほどこし」を与えることである。持戒とは、かたく戒律を守ることで、悪業をするなという意味で、殺生をするな、嘘をつくな等も含まれている。忍辱は、差別せず、いつでも平静で堪え忍ぶこと、精進とは善行に励むことである。また、禅定は、瞑想により精神統一し慈悲であることである。最後の智慧とは、一切を見通す鋭い理智で、心理を見極めることである。

　この中で、とくに、布施は、他者に対する倫理的な実践行動としての性格を持っている。他者に対する働きかけを重要視し万人を救うとしているところに、法華経という仏教の性格が表れている。「お布施」という言葉は仏事の際によく使われるが、本来、他者に対して、純粋な気持ちで、物質的あるいは精神的な恵み与えることである。他者に恵み与えることは、前述の聖書と論語の言葉に通じるところがあると考えられる。また、持戒も重要な教えで、現在で言えば、法律やルールを厳守することである。これらは、現在においても、当然、最も守らなければならない基本的な行動倫理である。

日本の心の支え

　前述の古来の教えは有名なものであるから、言葉としては多くの人が知っているものである。仏教は飛鳥時代に日本に伝わり、社会生活に定着するととも

に文化面にも大きな影響を及ぼした。論語は仏教より少し早く日本に伝来された。江戸時代に、下野国の足利学校で論語が重要な講義とされたように、学問・思想として知識層を中心に教義として学んだ。

　一方で、日本の社会には「困ったときの神様、仏様」という言葉があるように、いざという時の頼りにするという感覚があり、仏教や儒教を日常の心掛けや行動の倫理規範として理解していることは少ないように思われる。一般的に、日本人は宗教心が希薄であると言われるゆえんである。

　海外の人から、「あなたの宗教はなんですか」と問われることがよくあるが、ちょっと言葉につまってから、「仏教」と一応返答することが多い。だが、海外の人の意味する日常的な宗教とは、だいぶ違っていると思われる。筆者の経験では、仏教や儒教は教科書の中で教わったが、日常生活の中での教えとして、教えてもらったことは残念ながらほとんどない。一般的な日本人にとっては、立派な教えであり教養の１つとして理解されていることが多いと思われる。葬儀などで、お経を聴く機会はあっても、具体的な内容の意味を知っている人は少ないと思われる。

　では、日本人にとって、日常生活の心掛けや行動の倫理規範はどのようなものであろうか。これだと一口に説明することは、大変にむずかしいことである。明治・大正期に活躍した新渡戸稲造は『武士道』を著したきっかけは、米国人の妻から日常の倫理規範を問い正されて返答に窮したことであったと、述べている。日本人にとって、何を日常の心の支えにしているのかと、問い詰められると、なかなか即答できないのである。しかしながら、日本人が、日常生活において精神的で社会的な規範がないわけではない。

　明治時代の初等教育用のある教科書で、「子供の心得」の章がある。そこには、要旨「父母の恩を忘れることなく尊敬すべし。父母の恩を忘れるときは、罪は甚だ多い。」とある。父母の恩を忘れるな、と単純明快なことである。実際に、子供の頃によく聞かされたのは、「悪いことをすると先祖様が見ている」、また、「先祖の祟（たた）り」ということもよく聞かされた。盆には先祖様が還ってくるとよく聞かされた。

　同じような言葉でよく聞かされたのが、「悪いことをすると、お天道様（おてんとさま）が見ている」である。お天道様は全て見通しなので隠れて悪いことをしてはいけない。この先祖様もお天道様も、共通しているのは、悪いことをやれば怖いが、良いことをすれば見守ってくれることである。先祖様は実在したもので、お天道様は天にいつも輝いている。日本には、山に野に海に多くの神々、神様、仏様が住む。これらを恐れ敬う自然な精神がある。日本人の心の支えの対象は、現実に存在したヒトであり自然であり、極めて現実的なリアリズム的なものであると考えられる。

　日本の縄文時代は、約1万年の驚異的な長い間にわたり、定住生活が持続的に続いた。大陸の文化、宗教等がまだ伝わらない時代である。縄文人は、どういう考え方で何を大事にして生きていたのか大変興味があるところである。この時代の文字は伝わっていないが、発掘された土器、土偶等でいろいろなことが推測できる。この時代、日本列島は温暖な気候となり、山林、平原、川・海の多様で豊富な動植物資源に恵まれていたと推測されている。一定のエリアの中で、四季折々に、草木からの穀実の採取、近傍で動物や魚類の捕獲ができた。一定量の食糧が毎年安定的に確保されることにより、持続的な定住生活が可能となったと考えられる。

　このことは、実用的な土器、造形美のある土器、さらに動物、鳥、貝類の造形物が多く発掘されていることからも推測できる。また、クルミが大量に詰まった編みカゴも発見されている。トチの実の渋み抜きや粉にするための加工も行われており、早くから食の加工技術も発達していた。そのままでは食べられない木の実をアク抜きし、粉にして調理加工することは日本の食文化の原型であると考えられる。このように縄文時代であって、独自の食加工技術が開発され、豊かな粉食の食文化が形成されていたと考えられる（なお、このことは元農林水産技術会議会長齋藤誠氏から示唆いただいた）。

　稲作技術がまだ伝来していない時代である。火も使われており、想像以上に自然の恵みを受け、豊かな食文化を築いていたことがうかがえる。火焔型土器などの多様な土器類や出土品から推測すると、自然に対する有難さと畏敬の

念が自然に培われたものと思われる。

　さらに、人形の土偶の多さと多様性には目を見張るものがある。様々な人型の土偶や女性像の土偶も多く、子供の手形や足形付土製品も出土している。これらのことから、身近な人を見守り、子孫繁栄を願うという縄文人の根源的な強い思いが感じられる。そして、この思いが現代まで伝わっていると考えることができる。以上のように、豊かで恵みの自然と身近な人々に対する畏敬の念、このリアリズムな信仰は、長きにわたり日本人のＤＮＡにきざみこまれてきたものであるように考えられる。

相手の立場になって行動

　話を現代にもどすとする。小学校時代には、学校生活の心掛けや決まりごとを標語として教わった。「廊下は右側を静かに歩きましょう」という素朴であるが実践的な標語もあった。確かに、勝手に右、左に走れば、ぶつかるので、守らなければならなかった。多くの標語の中で、今でも一番よく覚えているのは、「相手の立場になって行動しましょう」である。この標語も、何回か復唱させられた。この標語は、直接何かをしなさい、ということではないが、心の中に残ったものである。この言葉のもともとの出所は不明であるが、有名な偉人の教えではなく、当時、社会の中でよく使われていた言葉であると思われる。この標語は、命令調のものではなく、人の心掛けの言葉としてすんなり理解されたものである。小学生のレベルでも、無理がなく平易で分かりやすい標語だったのだと思う。

　この「相手の立場になって行動する」というのは、自分の行動なのに相手の立場になって、というのは一見奇妙であるが、日本人ならばよく分かる心掛けである。相手に対する思いやりと、相手に迷惑をかけてはいけないという心情がよく表れている。この言葉の良さは、大変に分かりやすいことと、日本人の心情にピッタリしていることである。茶道の利休七則の１番目に「茶は服のよきように点て」という教えがある。茶は飲む人の良きように点（た）てよ、と言うことである。自分勝手にやるのでなく相手のことを思ってやる、ということである。このような心情は、日本人が昔から大事なものとして身に着けてきた

ものであると思われる。

　最近、「おもてなし」が、日本人が相手に接するとき言葉として取り上げられている。「おもてなし」とは、相手が心地良くなるように大切に扱うことである。相手の心情をよく理解した上での行動である。「おもてなし」のためには、相手の立場になって考えてやるという「おもいやり」の心が基本にある。「相手の立場になって行動する」とは、「おもてなし」「おもいやり」と裏腹の心掛けであると言える。

　「相手の立場になって行動する」というのは、倫理的行動をする時の判断基準が相手側にある。一方で、前述の聖書と論語の教えのように、こちらが望むことを実施する、あるいは望まないことを相手に実施しない、という教えがある。つまり、倫理的行動の判断基準がこちら側にある。

　どちらが実際に分かりやすいか、単純な例で考えてみる。電車の席で、目の前に子供や老人が立っていたらどう行動するかである。「相手の立場になって行動する」ということであれば、すぐに無条件に席を譲る行動となる。一般的に子供や老人は体力がなく疲れているに違いないからである。一方で、判断基準がこちらにあると、席を譲らない行動を取ることもあり得る。こっちが少し疲れていたり、子供には我慢させた方が良いと考えたりする場合などである。このように、こちらの都合と考えによって、とる倫理的な行動が振れて一貫性がなくなる。一般的に、倫理の原則からすれば、倫理的行動に一貫性がないのは分かりにくいものである。なお、いずれにしろ、席を譲った相手がすぐに受け入れるかどうかは別問題である。

　職業としての倫理的な行動は、迷いを生ぜず、単純明快なことが必要である。そうでなければ、実際に倫理的な行動が実施されない可能性があるからである。事故、偽装、不正が発生すれば、当然、相手（消費者）は損害を受け苦しむことになる。したがって、相手の立場になれば、いかなる事故、偽装、不正が発生するようなことは実施しないことが倫理的行動である。こちらの都合や考えで、今までやってきたことだからとか、これくらいの偽装や不正をしてもよいだろ

うというのでは倫理的行動と言えない。職業上の倫理的行動は、こちらの一方的な都合だけで行動するのではなく、相手、消費者、さらに広く社会のことを基準にして考えて、積極的に行動することが求められる。倫理的行動は、相手の立場になって行動することが不可欠である。

　この「相手の立場になって行動する」ということは、民法の基本理念でもある。民法は、国民相互の関係を規律する最も基本的は法典であるが、その総則第1条に、「権利の行使及び義務の履行は、信義に従い誠実に行わなければならない。」という規定がある。この信義誠実の原則は、業務の実施においても基本原則でもある。「信義に従い誠実に実施」とは、相手の正当な期待に沿って行動することである。このことは、相手の事情を無視することなく、「相手の立場になって行動する」という心掛けが基本となる。

　倫理的行動は、「正しい心掛けがあって、正しい行動」がある。また、職業としての倫理的行動は、行動の結果が全てであることにも留意しなければならない。正しい心掛けがあっても、その結果、事故や不正が発生して、相手や社会に被害や不利益与えては何にもならない。職業としての倫理的行動は、すこぶる結果主義でもある。だからと言って、悪い心掛けであっても結果が良ければいいのか、と問われれば答えに窮するが。正しい心掛けがあれば正しい結果になることが圧倒的に多くなることは確実なことである。

心掛けとパワーハラスメント

　最近、職場でパワーハラスメントなどのハラスメントが大きな問題になっている。パワーハラスメントは、職務上の地位や権限を利用した嫌がらせや行為である。嫌がらせの内容と程度もいろいろあり、いじめ、罵倒、脅迫、暴行など種々のものがあるとされている。

　このようなパワーハラスメントは、すこぶる倫理的行動の問題である。とくに、パワーハラスメントを実行する側の心掛けに左右されることが大きい問題である。実行した側が、通常の範囲の指導、訓練であると主張する場合が多いが、優先的な立場にある者が行った指導等は、過度、過激となる場合も多いと

いわれている。一方、受けた側が、悪意のあるいじめや脅迫と受け止めて、精神的、身体的な害を被ったと訴えることで問題となる。悪意があってもなくても、受けた側が、精神的に身体的に正常な就業ができなくなる状態に陥れば、パワーハラスメントとなる可能性がある。

　パワーハラスメントに陥らないようにするには、例えば、指導、訓練等を実施する場合、悪意のある場合は論外として、相手の状況をよく把握した中で適切に指導等を行うことが不可欠である。相手のことを考えずに、一方的に行うのは指導の名に値しない行為である。相手の育った環境も、メンタリティの強さも異なるので細心の注意が必要である。「相手の立場になって行動する」という心掛けをしっかり持って倫理的行動をしていれば、パワーハラスメントが生じることはない。他のハラスメントも同様である。

　近年、働く者の心身に悪影響を与えるパワーハラスメントが多発し、社会的問題となったことにより、法的規制を講じることとなった。2019 年 5 月に、従来の「労働施策総合推進法」を改正してパワハラ防止措置が規定された。この法律は、「労働者がその有する能力を有効に発揮すること」が主要な目的の 1 つである。どんな職場でも、働く者が持っている能力を十分に発揮できることが最も重要なことである。このことは、組織にとっても、生産性の向上、人材の確保、社会的信用の向上の上でも大変重要なことである。

　この法では、パワーハラスメント行為の定義として、優越的な関係を背景とした言動で、業務上必要かつ相当な範囲を超えたものにより、労働者の就業環境が害されるもの、としている。具体的なパワハラの種類として、身体的な攻撃、精神的な攻撃、人間関係からの切り離し、過大な要求、過小な要求、個の侵害の 6 つの類型が指針で示された。事業主は、パワハラの相談窓口の設置し、相談した労働者に対して不利益な取り扱いをしてはならない、とされた。

　パワーハラスメント防止が法律で規定されたことで、パワーハラスメントは、違法な行為であることが明確となった。しかしながら、法律で規定されたから、パワーハラスメントが解消されるものではない。指針が形式的な指針になって

はいけない。重要なことは、組織の中、職場の中、同僚の中のそれぞれにおいて、パワーハラスメント防止の意識が浸透していることが不可欠である。職場の中において、パワーハラスメントの言動について相互に注意を払うことも求められている。留意すべきは、全てのパワーハラスメントが機械的に指針に当てはまるものではないことである。指針が示されたから、形式的に、ここまでは許されるというものではない。パワーハラスメント防止は、形式的に行えばよいというものではない。パワーハラスメントは、相手がどのように受けとめるかが大きな要素である。パワーハラメントという問題は、すこぶる、実施する側の心掛けの問題であり、倫理的な問題である。

　心掛けとして、前述したように、「相手の立場になって行動する」ことが改めて重要である。相手を十分理解して行動するという心掛けが基礎になければ、パワーハラスメントがなくなることはない。法律の趣旨は、あらゆるパワーハラスメントがない職場をめざすものである。良い心掛けを元とした倫理的行動が基盤にあってこそ法律が有効に守られるのである。

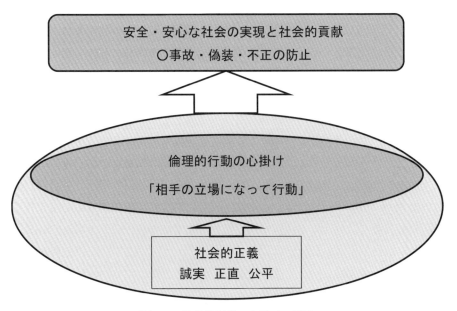

図 2-1　倫理的行動の心掛けの構造

第3章　生物系産業の従事者としての心得
―生物資源の重要性認識、謙虚、誠実に―

「農業全書」に見る心得

　生物系産業の従事者としては、業務に対する心得はどんなことが重要であるか考える。これに関して述べた著書を紹介しながら考えることにする。

　農業が主力であった江戸時代に発刊された「農業全書」（元禄10年（1697）、宮崎安貞著）がよく知られている。この本は、農業技術関係の総合書であり全国各地で読み継がれ、農業生産力の増進に大きく寄与した。

　冒頭の農事総論に、「作物を生み出すのは天であり、育てるのは地である。人はその仲立ちをして、気候風土に応じ、季節に従って、耕作に努めるものである。もし人がそのつとめをおこたるならば、自然がもともともっている作物を生み育てる力も、発揮しないで終わってしまう。」という言葉がある。これは、農業に従事する者の基本的な心得を大変よく表現している。作物栽培は自然の力を発揮させることが肝要で、人はそのためのサポート役であり尽力しなければ自然の力を発揮させることができない、と述べている。このような姿勢は、農業技術が進んだ今でも通じるものがあり、また、科学技術を利用する者の心得でもある。

　また、同書の農業総論で、「多少とも奉公人を使っている者は、深い思いやりといつくしみの心を持って接し、嘘いつわりなく誠実であることを基本として、善悪をはっきりさせ、賞罰を正しく行い、自分自身柔和な心で気持ちよく人を使うべきである」とも述べている。謙虚で誠実であることを基本にし、善悪を明確にし、柔和な気持ちでいることを心得るように、としている。このような心得があって、天地の恵みを得て、五穀等の生産が増進されると述べている。

　このように、農業を行う者は、自然の力に対して畏敬の念と謙虚な態度を持ち、偽りなく誠実に心掛け、深い思いやりを持って接することが基本中の基本であると述べている。この謙虚、虚偽せず、誠実に、思いやりを持つことは、現代の生物系産業に従事する者についても、そのまま当てはまる心得である。これは、生物系産業だけでなく、全ての産業に従事する者にとっても当てはまる心得である。

武士道精神の継承

　明治・大正時代では、横井時敬（近代農学の始祖）の「農家五訓」がある。これは、名称のとおり当時の農民の心得を示したもので、実際に農民に配布された。なお、「稲のことは稲に聞け、農業のことは農民に聞け」と言われたとされたことも有名で、横井時敬の現場主義がよく表れている。農家五訓の一部を紹介すると、第四項「共同戮力は最も大切なことなれば、小異を捨てて大同に合し、個人とともに公共の利益を進るの心掛肝要の事」、また、第五項「農民たるものは国民の模範的階級たるべきものと心得、武士道の相続者を自ら任じ、自重の心掛肝要の事」である。

　このように、共同で協力し個人とともに公共の利益を促進することの心掛けが肝要であると述べている。公共の為とは、公（おおやけ）の心を持ち社会に尽くせ、ということである。また、農民は「国民の模範的階級たるものと心得」「武士道の相続者を自ら任じ」「自重の心掛け」と述べている。これも、農民に対する強い期待を表した言葉であると思われる。農民に武士道精神の継承を期待し、つつしみ深い行動に心掛けよと述べている。話は飛躍するが、武士の発祥は、土地を守り耕す農民であり、いざというときに忠義を守り武装して戦った、という説もある。精神的な基盤は同じであり、農民が武士道の相続者であるべきとするのも無理がない考えと思われる。

　武士道が出てきたが、武士道については、新渡戸稲造が執筆した著名な「武士道 BUSHIDO」（明治 32 年）が有名である。武士は大変高いレベルの誠実さが求められ、「武士の一言」(侍の言葉)は、十分に真実であると断言された、

と書いている。武士は恥じるべき不名誉なことを極度に恐れた、とも述べている。また、このような武士道の倫理精神は、一般の社会階級にも浸透した、とも述べている。

　明治期を中心に活躍した実業家の渋沢栄一も、「士魂商才」を提唱していた。「武士の精神と、商人の才覚とをあわせもつ」ということである。武士には武士道が必要であったように、商工業者にも商業道徳がないと真の豊かさは実現不可能なのだ、とも言っている（「論語と算盤」より）。また、仕事は、誠実に、一所懸命に、良心と思いやりを身につけ現場で行ってほしい旨のことを言っている。日本経済の勃興期の中にあって、道徳、倫理を中心とした心得が重要であるとした。

　確かに、時代劇に出てくる武士は、誠実で嘘はつかず正義の味方で国民のヒーローとして登場してくる。武士は、最上位の支配階層にいるにかかわらず、総じて奢侈（ぜいたく）は好まず質素な生活を送っている。江戸幕府が制定した武家諸法度（寛永令）には、「万事倹約を心掛けること（第9条）」「務めは清廉にして、非法なことはしてはならない（第14条）」と定めている。この武家諸法度は、武家（大名）に対して発した令であるが、自ずと一般武士層にも波及して行ったものである。この武家諸法度は、規制令だけでなく、倹約、清廉（清らかで正しい心や行い）のような心掛けや行動を定めており、倫理規範に沿った行動をも求めている。まず清廉な心掛けと行動を求めて、違法行為をするな、と定めている。倫理規範に沿った行動が大前提であると定めている。正しい行いがあってこそ、法を守れるというのは、昔も今も同様であろう。

　このように、江戸時代の武士に求められた「倹約、清廉、法の遵守」は、精神面も物質面においても自らを律するものであった。誠実で堅実を基本とした武士の精神と生活姿勢については、農民、職人、商人層に徐々に共感されて浸透して行き、自然と日本人全体の精神構造に組み込まれたとする考え方も理解することができる。「誠実で嘘をつかず恥ずるべきことはしない」という武士道精神は、今日においても通用する倫理的精神であると思われる。

　ところで、話はそれるが、現在において、技術士、技能士、農業士などのよ

うに職業の資格名称や称号に「士」とつける場合が多い。いわゆる「士業」と言われる資格である。この「士」は、武士の士であり「さむらい」の意味でもある。したがって、士の名称を与えられている資格のある者はすべからく武士の精神を保持すべきと期待されるものと考えられる。誠実で嘘をつかず恥じるべきことはしないという心得を持っていることである。なお、士のもともとの意味は、官史の総称であり、学徳のある者の意味でもある。武士の精神を持ち、学徳を有する者が「士」であるということになる。

謙虚、誠実、公正、勤勉

　武士道はたぶんに精神的なものであるが、もう少し実践的なものに二宮尊徳の教えがある。有名な二宮尊徳も江戸時代（天保年代）に活躍した人物である。今ではあまり見かけなくなったが、学校の二宮金次郎の像のモデルである。幼い時から、勤勉・勤労の者であった。節度のある倹約をし、人の苦労を救い、家業に励むことの大切さを教えている。また、終身に、善行し悪行をしないことを強調している。この指導理念は、不作で飢饉が頻発した不安定な江戸後期において、多くの農村地域の復興に大きく貢献している。今で言えば地域の復興、活性化を成し遂げたものである。また、有名な近江商人の「三方よし」（売り手よし、買い手よし、世間よし）という言葉がある。また、近江商人の家訓といわれるものに、奢ることもなくケチることもなく、正直、堅実、倹約に努め、勤勉に働くことを心構えとすべしというものがある。

　以上のように、古い教えが中心であるが、まとめて表現すると、自然に対して謙虚に、何事に対しても誠実に、精錬（清く正しく）に、そして勤勉にあるべき、ということができる。このような心得は、日本の風土と生活のなかで永きにわたり培われたものであると言える。

　他の国では、国民の心得に関してどのように言われているのか。参考に、米国のオバマ前大統領の就任演説の一節を紹介する。

> **オバマ大統領就任演説**（2009 年 1 月 20 日　新聞抜粋）
>
> But theose values upon which our success depends － honesty and hard work,courage and fair play, tolerance and curiosity,loyalty and　patriotism － these things are old. These things are true. They have been the quiet force of progress throughout our hisitory.
>
> ※　筆者注：単語訳
>
> values：価値観　　　success：成功　　　honesty：誠実　　　hard work：勤勉
>
> courage：勇気　　　fair play：公正な行動　　　tolerance：寛容
>
> curiosity：好奇心　　　loyalty：忠誠心　　　patoriotism：愛国心
>
> the quiet force of progress：進歩のための着実な力

　単語を見るだけでも言っている内容が分かるが、米国が偉大な国になったのは、国民が、誠実、勤勉、公正な行動、寛容、好奇心、忠誠心、愛国心があったからであると演説している。これらの米国の国民の精神、心得が、建国以来、アメリカを発展させてきた原動力であると強調している。大統領の演説でこのようなことを堂々と述べることは米国らしい。

　誠実、勤勉、公正は、どこの国、どこの社会においても、極めて大事な心得であることは間違いがない。国が安全にして安泰で盛えることを願うのは、どこの国でも同じである。古来の言葉にもあるように、人々が法と倫理規範に従うことによって国が盛えるのである。

科学技術の信頼性向上

　生物系産業の業務としては、技術的、技能的なもの、それに関するものが多いと思われる。ここでは、科学技術を利用する者の倫理的行動とはいかなるものか考える。

　もともと科学は人類が自然に対する観察、洞察から生じたものであるが、この科学原理を基礎にした技術の本格的な利用は、18 世紀の産業革命の前後からである。産業革命により、大量生産と広域移動が一挙に可能となり、近代を切り開いた。20 世紀初頭には科学技術の有効性が認識され、第二次世界大戦を経

て、戦後の高度成長、現代社会を支える基礎となっている。科学技術の発展が産業の発展となり、豊かな現代社会を実現してきた。科学技術は、人間に快適な生活と福利の増進をもたらすべきものである。

　一方、科学技術は自然原理の認識・応用であるから、科学技術そのものは中立な存在で、人類にプラスになるかマイナスになるかは、もっぱら人間の利用方法次第である。科学技術は複雑化、高度化、巨大化してきており、社会に対する影響も大きくなっている。科学技術の社会に及ぼすマイナスの影響、「負の効果」も顕在化しつつある。1つは「安全に対する危惧」、2つは「環境への悪影響」である。

　科学技術の安全に対する危惧は、以前からあった。ダイナマイトなどの爆薬を発明したノーベルは、それが兵器など人の殺傷に使われることを憂いて、財産を人類に最大に貢献した人に贈るという遺言を残した。これがノーベル賞設立の契機になったとされている。また、著名な物理学者アルベルト・アインシュタインは、「ラッセル・アインシュタイン宣言」（1955年7月）を遺している。この中（決議）で、核兵器が人類の存続に脅威となっていることから、あらゆる紛争の解決のため平和的な手段を見出すこと、と訴えた。

　環境への悪影響は、環境範囲レベルで考えると、地域環境、広域環境、地球的環境のレベルに分けることができる。いずれも、環境に対する悪影響を及ぼす汚染物質等の環境への放出によるものである。わが国は、広域環境の汚染として、1900年半ばの時期に発生した「公害」が大きな問題となり、多くの教訓を残している。

　さらに、近年、大きな課題となっているのが地球環境へのマイナスの影響が進展し、それを克服する取り組みが重要となっている。1999年6月に、世界科学会議の「科学と科学的知識の利用に関する世界宣言」（ユネスコ、国際科学会議共催、ハンガリー・ブタペスト）が出された。これは、科学技術が発展してきた一方、地球的規模の環境問題が顕在化したことを受けて、全世界的規模の科学者が結集し、議論して出した宣言である。

　注目すべきは、科学技術の倫理的な面にも言及されていることである。宣言

前文の冒頭に、「我々全ては同じ惑星に住み、同じ生物圏（biosphere）の一部である」と述べている。これは、人類は地球という1つのグローバルな生命維持システムに依存しているという大前提の認識である。その上で、科学は人類全体に奉仕しなければならないとし、自然や社会に対する深い理解をもって、個々人の生活の質の向上と、現在と将来の世代に持続的で健全な環境を提供することに貢献しなければならない、と述べている。このように「現在と将来の世代に持続的」、つまりサステナビリティ（持続性 sustainability）が最も重要であると強調している。

　また、科学技術者は、倫理的に間違っていたり、負の影響があるような科学利用を避けるようにする特別な責任がある、としている。マイナスの影響のある科学技術の利用は避けるという責任があるとの指摘は大変重要なことである。科学技術者は、科学技術の利用は、倫理的であること、社会に悪影響を与えてはいけないということを言明している。この宣言本文の項目で、「社会における科学と社会のための科学」の中の一節は次のようである（一部抜粋）。

・全ての科学者は、高い倫理的基準を自ら課すべきであり、科学を職業とした専門家のために適切な規範をベースにした倫理綱領を策定しなければならない。
・科学者の社会的責任は、高い水準の科学的な誠実性を保持し、知識を共有し、公衆とのコミュニケーションを図り、若い世代を教育することである。
・科学教育のカリキュラムは、科学倫理、そして科学の歴史と哲学、文化的影響を含むべきである。

　日本学術会議も「科学者の行動規範」（2013年1月改定）を出している。
　ここで言う「科学者」とは、「科学的な知識の利活用に従事する研究者、専門職業者」も意味するとしているので、いわゆる広く技術関係者も含むものである。
　前文には（抜粋）、東日本大震災及び福島第一原子力発電所事故に触れ、「科学者が社会に対する説明責任を果たし、科学と社会、そして政策立案・決定者との健全な関係の構築と維持に自覚的に参加すると同時に、その行動を自ら厳正

に律するための倫理規範を確立する必要がある」と述べている。このように、社会に対する「説明責任」「健全な関係」、そして自らを律する「倫理規範」の確立の必要性を強調している。

　また、科学者の基本的責任として、「自らの専門知識、技術、経験を活かして、人類の健康と福祉、社会の安全と安寧、そして、地球環境の持続性に貢献する」としている。この「健康と福祉」「社会の安全と安寧」「地球環境の持続性」という言葉は、重要なキーワードである。科学者の姿勢として、「常に正直、誠実に判断、行動し、自らの専門知識・能力・技芸の維持向上に努め」としている。このように、常に「正直」「誠実」「自己研さん」が基本姿勢である。

　そもそも、科学技術は、人間に恩恵をもたらし幸福を増進するために使われるべきものであるが、そのためにも科学技術の「負の影響」を回避する努力を続けなければならない。科学技術の進展により、科学技術の負の影響は、身近なものから地球的規模のものに広がってきている。科学技術に起因する災害、事故、不正の発生、地域環境の悪化、さらには貧富差の助長、飢餓の発生、不公平の拡大などである。これらの負の影響を回避することは、科学技術に関与する全ての者の責務であると言える。科学者の努力とととともに、それ以上に科学技術を利用する専門技術者の努力が不可欠である。そのため、専門技術者においても専門技術だけでなく幅広い知識と見識を身に着け、高い倫理観を保持しなければならない。

　科学技術の負の影響を回避できなければ、科学技術の信頼性を損ない、科学技術の進展は望めなくなる。逆に、科学技術の負の影響を回避することは、科学技術の信頼性を高めることになる。先に述べた「科学と科学的知識の利用に関する世界宣言」が出され、既に20年近く経ている。この間、地球温暖化は進展し、ＡＩ（人工頭脳）や生命科学が飛躍的に発展しつつあり、人類史上かってないほど科学技術が、社会に大きなインパクトを与えつつある。科学技術が人間の不幸ではなく幸福のためにより一層利用されるようになるかどうか、科学技術関係者の倫理的な行動も問われることとなる。

生物系産業の従事者の心掛け

　生物系産業の業務は、程度の差はあれ、科学技術を利用する業務である。前述のように、科学技術は、自然の法則を基礎に体系づけられたものであり、一定の環境条件で普遍的なものとして利用できる。技術的業務は、その科学技術を応用利用して人間に役に立つ物やサービスを産出するものである。技術的業務は、科学技術の原理に即していることが不可欠である。生物系産業においても、科学技術の原理原則に反したり、観測されたデータをねつ造したりすることでは、適正な業務を遂行することが不可能となる。自ずとして、正直で、謙虚な態度が身に付くものである。

　　したがって、生物系産業においては、原材料のごまかしや、検査データや測定値の不正などは、本来、起こらないはずである。大げさに言えば、科学技術は人類の共通の財産であり、科学技術を悪用するのは、科学技術への冒瀆（ぼうとく）であると言える。科学技術を利用して業務を行い、それで生活しているのであるから、自ら科学技術の信頼を崩すような行為は厳に慎まなければならないことである。

　　加えて、生物系産業は生物資源を利用するものである。日本は有史以来、豊かな自然の中で農林水産業が発達し、その産物を利活用して豊かな衣食住を実現してきた。作物を栽培し、木を育てるのは、春夏秋冬の季節変化を見極め、風雪雨と競いながら作業を行う行為である。自然に添いながら作業するためには、謙虚で勤勉であることが必要で、かつ自然環境の変化に応じた工夫が必要となる。また、動植物は、人間と違い喋らないけれども正直である。例えば、人がごまかして、飼料を与えなかったり肥料を施さなかったりすれば、動植物の生育の不調などが必ず表れる。人間のごまかしは通じないのである。

　　このように、動植物を相手にする生物系産業に従事する者は、他の産業以上に、謙虚な心得が不可欠となる。食の加工や木工は、大変に長い歴史を有しており、その間、より良いモノを作るために工夫を重ね、技術を培ってきた。勤勉で、丁寧で、かつ工夫をするということに絶え間なく努めてきた。謙虚と勤勉さは、日本の自然と風土の中で悠久の時間の中で培われてきたのである。

　さらに、生物系産業は、人の食べ物に関与する産業であり、人の健康と命に直接影響するものであることから、細心の注意が必要であることは言うまでもない。例えば、食品にわずかでもアレルギーを起こす物質が含まれるだけでも命が危険となる場合がある。食品に髪の毛一本がまぎれても大きな問題になる。また、食材の産地を偽装すれば社会的にも大きな問題となる。このように、口に入れるものは、有害物質の混入だけでなく、あらゆる異物の混入や、食材の偽装についても、細心の注意が必要である。生物系産業に従事する者は、他の分野と比べて一段と高いレベルの、謙虚さ、誠実さ、公正、勤勉が必要である。

　次に、生物系産業は、動植物を利用する産業であることである。生物資源（ここでは、生物由来の全ての資源）に立脚した産業である。「生物資源あっての生物系産業」である。具体的には、動植物資源、森林資源、水産資源、さらには、微生物資源、未利用生物資源などの生物資源をその性質に即して、効果的に効率よく利用することが生物系産業である。しかも、単に食品として利用するだけでなく、昔から、衣料素材、薬品素材としての利用、さらには、建築材、家具、容器にも利用される。また、木質資源（薪、炭）、油糧作物（なたね等）、魚油は、燃料や照明などのエネルギー原料にも利用されてきており、あらゆる生活用品に利用されてきた。また、近年、生物資源（食品残さ、木質チップ等）は、再生可能エネルギー（発電、熱利用）の原料としての利用が進んでいる。このように、生物資源は生物系産業だけでなく、あらゆる産業の基礎資源となる可能性が大きくなってきている。

　生物系産業が持続的に発展するには、生物系産業の基礎素材である生物資源が豊富でかつ持続的に確保されることが不可欠である。毎年、豊かな農畜水産物の生産がなければ、食品産業も衰退せざるを得ないことは自明である。もっとも、地球上の生物資源が枯渇していけば人類は食糧と酸素を失い生存できなくなるから、生物系産業だけの問題でなく、人類の生存の危機となる。豊かな生物資源が確保できることは、それが可能となる自然環境条件が良好に保持されていることでもある。このため、生物系産業の従事者は他の分野の者に比べて、生物資源の重要性と、生物資源の維持確保について強く認識せざるを得な

いこととなる。

　さらに、生物資源が豊富で持続的に存続するには、「生物の多様性」が確保されていなければならない。豊かな生物資源と生物の多様性は裏腹の関係にあり、両者は大変に重要なことである。生物系産業の関係者は、生物資源の増進と生物多様性の重要性を強く認識することが重要である。特に、多様性は「ダイバーシティ」とも称されており、人間の社会においても基本的で重要な概念となっている。

　以上をまとめると、生物系産業の従事者は、「謙虚、誠実、公正、勤勉」の精神を持ち「生物資源と生物多様性」の重要性を心得として倫理的行動をすることが重要である。

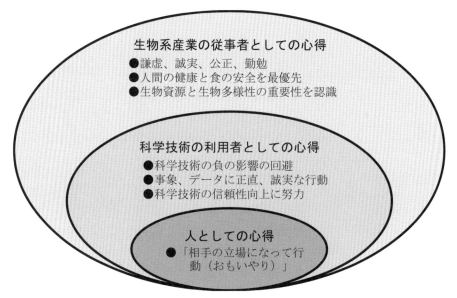

図 3-1　生物系産業従事者の倫理的心得の構造

第4章　技術士法に見る倫理的規範の規定

―公共の安全、環境の保全の公益確保の責務―

科学技術向上と国民経済発展のために

　生物系産業は、科学技術関係の業務を実施している場合が多いことから、従事者にとっての倫理的行動のあり方を考える上で、わが国の技術士制度がその模範となり、十分参考となる。

　わが国の技術士制度は戦後間もなく、国の復興に尽力し社会的責任をもって活動できる権威ある技術者の設立の要請を受け、米国の制度を参考にして、国家資格制度として 1957 年に発足した。その後、現在の法体系となったのが 1983 年である。「技術士」が国の認定資格として定められ、技術士は、科学技術に関する高度の知識と応用能力を有し、高い技術者倫理を備えた者である、とされている。

　技術士法の目的は、科学技術の向上と国民経済の発展に資するものであり、そのために、技術士を設置するものである。その技術士は、技術士法の定義によれば、「科学技術（人文科学のみに係るものを除く）に関する高等の専門的応用能力を必要とする事項を行う者」とされる。端的にいえば、技術士は、国家の認定を受けた高度な知識と応用能力を有する技術者で、科学技術の向上と国民経済の発展に寄与することが期待されているものである。国が掲げる「科学技術創造立国」の政策を推進するためにも技術士の活躍が期待されている。

　技術士は、一定の能力を国が認めたものであり、組織または個人事務所において、技術関係業務の遂行に活躍しており、優れた技術力と高い信用力が評価されている。しかしながら、わが国では、技術士は関係業界では知られている

が、一般社会では必ずしも知名度が十分でないところがある。同様の資格制度がある海外の国においては、技術士が技術的業界だけでなく社会的にも、よく知られており高い評価を得ている。技術士は、わが国の技術者全体の模範となり、先導的な役割を担ってくれることが期待されているものである。それだけに、わが国においても社会の知名度を高め、技術士の活躍が広がることが期待される。

　技術士に限らず、技術的業務に関係する従事者は、単に、高度な知識と応用能力があるだけでなく、創造力があり、たくましく、自主性があり、かつ国際感覚も高いという素質が益々重要となっている。何よりも、高度な科学技術の知見を有しているだけでなく、社会性があり倫理観の高いことが不可欠となっている。このような広い素養のある多くの技術関係従事者が大いに活躍し、技術的な課題を克服し、技術の信頼向上と発展に尽力し、わが国と世界のために貢献していくことが強く望まれている。

　なお、技術士制度おいては、20の技術部門と総合技術管理部門があり、ほぼ全ての科学技術分野をカバーしている。生物系産業に関係する主なものは以下のとおりである。なお、科目は2019年から見直し変更された。

生物系産業関係の技術士の技術部門と科目
・農　業　部　門：畜産、農業・食品、農業農村工学、農村地域・資源計画、植物保護
・森　林　部　門：林業・林産、森林土木、森林環境
・水　産　部　門：水産資源及び水域環境、水産食品及び流通、水産土木
・生物工学部門：生物機能工学、生物プロセス工学

倫理的行動と資質向上の義務

　技術士法の条文において「倫理」という文言は直接ないものの、実質的に倫理的な規範規定が置かれている。それは、技術士法第4章「技術士等の義務」であり、第44条から第47条の2の6つの条文から成っている。また、第8章には関係罰則が定められている。関係条文は以下のとおりである。

技術士法　第4章　技術士等の義務

第44条（信用失墜行為の禁止）

技術士又は技術士補は、技術士若しくは技術士補の信用を傷つけ、又は技術士及び技術士補全体の不名誉となるような行為をしてはならない。

第45条（技術士等の秘密保持義務）

技術士又は技術士補は、正当の理由がなく、その業務に関して知り得た秘密を漏らし、又は盗用してはならない。技術士又は技術士補でなくなった後においても、同様とする。

第45条の2（技術士等の公益確保の責務）

技術士又は技術士補は、その業務を行うに当たっては、公共の安全、環境の保全その他の公益を害することのないよう努めなければならない。

第46条（技術士の名称表示の場合の義務）

技術士は、その業務に関して技術士の名称を表示するときは、その登録を受けた技術部門を明示してするものとし、登録を受けていない技術部門を表示してはならない。

第47条（技術士補の業務の制限等）

技術士補は、第2条第1項に規定する業務について技術士を補助する場合を除くほか、技術士補の名称を表示して当該業務を行ってはならない。（第2項省略）

第47条の2（技術士の資質向上の責務）

技術士は、常に、その業務に関して有する知識及び技能の水準を向上させ、その他その資質向上を図るよう努めなければならない。

第8章　罰　則

第59条　第45条の規定に違反した場合は、1年以下の懲役又は50万円以下の罰金に処する。

2　前項の罪は、告訴がなければ公訴を提起することができない。

　この中で、第44条は「信用失墜行為の禁止」で、技術士は信用を傷つけ、不名誉な行為をしてはならない、と規定している。このような倫理的規定は、他

の分野の業務においても広く定めていることが多く、共通的で基本的なものである。例えば、技術的な業務でない士業の1つである行政書士についても、行政書士法第10条（行政書士の責務）で、「誠実にその業務を行うとともに、行政書士の信用又は品位を害するような行為をしてはならない」と定めている。表現は少し異なっているが、いずれも共通して信用、誠実、品位、名誉が規定されとおり、これらのことは多くの業務において倫理的行動の基本中の基本であることが分かる。全ての分野において、業務を行う者はすべて心得なければならない倫理的規定である。

　また、第45条で、「技術士等の秘密保持義務」が定められている。正当の理由がなく、その業務に関して知り得た秘密を漏らし、又は盗用してはならない、技術士でなくなった後においても同様とする、という規定である。これも、行政書士法第12条（秘密を守る義務）で、「正当な理由がなく、その業務上取り扱った事項について知り得た秘密を漏らしてはならない、行政書士でなくなった後も、同様とする」という同様な規定がある。この秘密保持義務も、あらゆる業務において厳守しなければならないものである。違反した場合は、懲役や罰金を科される。この秘密保持の義務は、業務上の直接的な事項だけでなく、付随する関連事項、また、プライバシー的な事項についても厳守すべきものである。また、一般社会生活の上でも個人情報の秘密保持は、法的にも、倫理的にも、基本的に重要なものとなっている。

　次に、第47条の2は、「技術士の資質向上の責務」は、常に、その業務に関して有する知識及び技能の水準を向上させ、その他その資質向上を図るよう努めなければならない、という規定である。行政書士法13条の2（研修）においても、研修を受け、その資質の向上を図るように努めなければならない、と同様な規定がある。士業などの専門家であれば、たえず研さんし、資質向上に努めなければならないのは当然のことである。特に、近年、科学技術の発展は日進月歩であり、また、社会的な制度も変化が頻繁である。適正な業務を実行するには、過去の知識だけでは不十分となっている。

　ところで、この条文は枝番号が付いていることからも分かるように、2000年

の一部改正で新設された規定である。法律に規定しなくても、専門的業務である技術士は、その性格からして、継続的な研さんと資質向上が重要であることは言うまでもないことである。しかしながら、規定として明文化され追加されたのは 2000 年である。これは、当時、技術が社会に及ぼす影響の大きさは、ますます拡大する傾向にあったという認識があった。この技術の影響は、正の効果はもちろんであるが、負の効果も顕在化してきつつある。このため、技術にたずさわる者は、その専門技術に関する能力を有することはもちろんであるが、社会的責任を果たすため、高い職業倫理を備えることが必要である、と強く認識された。したがって、条文が「資質の向上」と表現されており、単なる専門知識だけでなく倫理的能力も併せて幅広い素養の習得を強く期待しているのである。

　このため、技術士の有する素養としては、技術専門分野に加え、幅広い素養と倫理的素養を加えることとなった。これに関連して、技術士の資格試験においては、科学的な基礎と、各専門の内容を課するとともに、倫理的な適性も課すこととなった。要するに、狭い専門分野だけでなく幅広い知識と倫理的素養も身に着けてほしいということである。

　なお、2000 年の改正において、技術士等の資格取得に関する特例も追加された（第 31 条の 2 の 2）。具体的には、大学・高等専門学校等の高等教育機関において、ＪＡＢＥＥ（日本技術者教育認定機構）が認定した課程（教育プログラム）を修了した場合は、技術士の 1 次試験を免除することとした。免除となる対象分野の検討は、理工系の分野の検討が先行していたが、関係者の尽力もあり、農学・生物系の分野も当初から対象となっている。現状では、ＪＡＢＥＥ認定された学部学科は理工学系が多いが、今後、農学・生物系の学部学科の分野においても一層増加されることが期待される。

　わが国が掲げている科学技術創造立国を名実ともに推進するためには、科学技術関係者の数の増加と質的向上を図らなければならない。このため、国家資格である技術士が先導的な役割を果たすことが期待されている。ＪＡＢＥＥ制

度は、若い学生の段階から、技術士を目指す意思を明確にすることができるものとして大変意義が高いものであると考えられる。技術士の資格取得は社会に出てからでも遅くはないが、若い時に、幅広い素養と、特に倫理的素養を身に着けて技術士をめざすことは大変大事である。「知力、気力、倫理力」の3拍子が揃った若者が多数育ってくれることを切望している。技術的分野だけでなく全ての分野において、高い倫理観をもち、自律性が高く、たくましくて、創意工夫のある者が、活き活きと活躍できる社会であることを願っている。

安全文化の定着と公益確保の責務

　技術士法の条文に戻ると、第45条の2は、「技術士等の公益確保の責務」である。業務を行うに当たっては、公共の安全、環境の保全その他の公益を害することのないよう努めなければならない、と明記されている。この規定も、2000年に追加されたもので、技術士特有の最も倫理的な規定であり、重要なものである。他の士業関係の倫理的規定には、あまり見られないものであり、科学技術を基盤とする技術士の特有の特徴的な規定であるといえる。この規定は、科学技術を取り巻く環境の変化に対応して、社会的要請を受けて制定されたものである。

　2000年に、この技術士法の一部改正案が国会の衆議院と参議院で審議された。当時の改正法案に対して、国の法案の提案理由が説明されている。「現代社会は技術に多くを依存し、技術が社会に及ぼす影響がますます大きくなってきていることにかんがみ、技術に携わる者が公共の安全、環境の保全等の公益の確保を図るべきことが強くもとめられている（抜粋）」と説明されている。

　つまり、技術に携わる者について、「公共の安全」と「環境の保全」を中心とした公益の確保が強く求められている、とした。この「公共の安全」と「環境の保全」は、20年近く経った今日においも、一層強く求められている状況にある。その意味では、大変に先見性のある重要な規定であったということができる。

　当時、第45条の2（技術士等の公益確保の責務）として条文が追加改正された

時の国会で、その改正の説明について、担当大臣の答弁を以下に引用（抜粋）する。

　「昨年の東海村ジェー・シー・オーの臨界事故、またロケットの打ち上げの失敗、あるいは鉄道トンネルのコンクリート剥奪、また、地下鉄における脱線事故等、事故災害が連続しております。日本の技術基盤の信頼性が著しく低下しておりますし、また、これらは国民の安全や安心の確保という観点からも大変に由々しき事態である」

　「これらの事故等につきましては、まず原因の究明を徹底的に行い、それから、それに加えまして再発防止に取り組まなければならないわけでありますが、それに加えまして、国や地方公共団体、それから各事業者、あるいは労働者、国民一般のそれぞれにおいて、安全を最優先する気風あるいはまた気質を創造し、そして社会全体で安全に対するモラルを高めること、いわゆる安全文化、これを創造して社会に定着させることが非常に重要であると思っております」

　このように、2000 年当時において、大きな事故災害が連続し、日本の技術基盤の信頼性が著しく低下しており、国民の安全や安心の観点からも由々しき事態であると、説明している。この国会の説明で注目されることは、社会全体で安全に対するモラルを高めることとして、「安全文化」という言葉を当時すでに使っていることである。安全文化を創造し社会に定着することが非常に重要であるとの認識を示している。

　2011 年に発生した福島第一原発事故の時にも、「安全文化」が欠如していたという指摘があり、「安全文化」が強調された。2000 年の技術士法の改正の時に、既に、安全文化の定着が重要であるとの認識を示していた。結局、10 年を経過しても、わが国の社会には、「安全文化」が根付いていなかった、と考えられる。安全文化を国会の説明だけで終わらせるのではなく、全ての業務の中に着実に浸透させ、行動として具現化させなければ、また同様な事故が発生し安全が損なわれることになる。社会に安全文化を定着することは、すなわち、社会全体が安全に対する倫理規範（モラル）を高めることである。

　さらに、国会の国の答弁を引用する。

　「東海村の臨界事故にいたしましても、その背景には倫理というような問題もあるのでないかと思っているところでございますが、技術者は、みずからの専門とする分野の実務の相当能力を持つことは当然でありますけれども、企業活動等に取り組む前提といたしまして、社会や公益に対する責務を十分認識して、高い職業倫理を備えることが必要であると思っています」

　「技術の利用に伴いまして、一般社会などにどのような影響を生じるか、そういう点をあらかじめ十分に把握するように努め、また、適切な技術業務の遂行に努力することが重要であるわけです。（途中略）このため、今回の法律改正におきましては、技術者資格の国際的な整合性の確保の観点をも踏まえまして、技術士等の公益確保の責務を追加することとしたところです」

　この国会の説明では、企業活動等に取り組む前提として、技術利用が社会にどのように影響するか十分に把握し、公益に対する責務を十分に認識して、高い職業倫理を備えることが必要であると明言している。技術が社会に及ぼしている影響に対する認識の重要性から、「技術士等の公益確保の責務」の規定条文を新たに追加した、と述べている。新たに追加された公益確保の責務という倫理的な条文には国の強い要請と期待が示されている。わが国が、科学技術に立脚して発展を図るという「科学技術創造立国」であるという位置づけからも当然のことである。

公共安全と環境保全が重要規定

　公益確保の責務の具体的なことが、第45条の2（技術士等の公益確保の責務）の条文に書いてある。「業務を行うに当たっては、公共の安全、環境の保全その他の公益を害することのないよう努めなければならない。」と規定されている。このように、「公共の安全」と「環境の保全」が、公益を害することのないものの代表的事項の2つとして規定されている。

　その1つである「公共の安全」で「公共」という法律的、施策的な用語を使っているが、公共の福祉、公共事業と同様に、平易にいえば「社会全体」という

ことである。したがって、社会全体で、事故災害が発生しない安全な状態にしなければならないと定めていることになる。なお、当時、社会の安全を損なうのは、もっぱら事故、災害が念頭にあったが、今日では、物理的な事故災害だけでなく、偽装や品質検査の不正、データねつ造などのような法や規則、ルール違反なども多発しており、国民の安全を損なう状況になっている。

　なお、(公社) 日本技術士会の技術士倫理綱領の1番 (公衆の利益の優先) に、「技術士は、公衆の安全、健康及び福祉を最優先に考慮する」と規定している。また、米国の全米プロフェショナル・エンジニア協会の倫理綱領の1番目に、「公衆の安全、健康、福祉を最重要にする (Hold paramount the safety, health, and welfare of the public)」という規定がある。このように、技術者の倫理で一番大事なことは、「社会の安全」という公益確保の責務であることは共通の認識であると理解される。

　次に、同条文の公益の責務として、「環境の保全」も明記されている。環境問題では、わが国において、1900年代の後半の高度経済成長時代に、広域的な環境汚染、いわゆる「公害」問題が発生し、大きな社会問題となっていた。さらに、世界的な環境問題の大きな動きとしては、1992年にブラジルのリオ・デ・ジャネイロで国連環境開発会議が開催されたことである。リオ宣言で「持続可能な開発 (sustainable development)」という環境と開発の在り方を示す概念が打ち出された。また、1997年に京都でCOP3 (国連気候変動枠組条約締約国会議) が開催された。京都議定書が採択され、温室効果ガス削減対策に本格的に取り組みつつあった。

　このように、世界的にも、「環境の保全」の重要性の認識が高まっていることが背景にあった。条文には、「環境の保全」と幅広く書いてあることから、地球的規模の環境保全は当然で、広域規模の環境、地域規模の環境保全も含むものと理解することができる。環境汚染の発生は、科学技術の負の面でもあることから、環境の保全には、全ての技術関係者、特に生物系産業の従事者は、常に積極的に取り組むことが必要であると考えられる。

　以上のように、技術士法に規定する 6 つの倫理規範的な条文はそれぞれ重要であるが、その中でも、科学技術的にも社会的にも最も重要なものは、社会の強い要請を受けたもので、今説明した第 45 条の 2 の「公共の安全、環境の保全その他の公益を害することのないよう努める」という公益確保の責務規定である。「安全」と「環境」は、今日でも将来においても重要なキーワードである。この公益確保の責務という倫理規範規定が、2000 年に新設されて 20 年が経過しているが、その後の状況は、この条文が強く期待した状況となったであろうか。

　「環境の保全」の面においては、1970 年に公害対策基本法が改正され総合的な公害防止の強化、水質汚濁防止法が制定され汚水排出等の防止措置がとられた。1971 年には、環境問題を一元的に所管する「環境庁（現、環境省）」が設立された。このような措置もあり、地域環境、広域的環境については、一定の環境の改善が図られた。また、地球環境問題では、それに対処できるように、1993 年に環境基本法が制定された。地球温暖化防止対策では、京都議定書で第一約束期間（2008 年〜2012 年）の温室効果ガス削減目標が設定され、わが国は目標達成している。目下、日本を含む世界は、パリ協定にもとづき 2030 年を目標とした温室効果ガス削減に向けて取り組んでいる。このように環境保全については、具体的に、世界的にも、国内でも、取組みが行われている。

　一方で、「公共の安全」の面ではどのような状況であろうか。残念ながら、その後においても、生物系産業の分野だけでなく、工業分野、一般産業分野においても、数々の事故、偽装、不正が発生してきている。技術士法の改正が期待されたように、国民の安全と安心に対する不安を解消し、技術基盤の信頼性がより高まることになってきたのであろうか。状況が改善する方向に進まなければ、せっかく国会で審議して法律改正して定めた条文が全く活きていないことになる。

　職業の倫理規範の順守の徹底については、命と健康を守っている医師の場合が参考になる。医師の倫理で、よく知られているものにインフォームド・コンセント（informed consent）と言われているものがある。具体的には、「医療内容に

ついてよく説明し、信頼を得るように努める。(医の倫理綱領」より抜粋)」と定めている。これは、医療行為に関するトラブルや事故の発生なども背景にあったとものと考えられる。この倫理規定の定めに従って、全ての医療現場において、手術などの治療に際して、現場の医師は、実際に、患者サイドに丁寧な説明や承諾を求めることが徹底されている。このような対応行動により、医療事故とトラブルの軽減回避が図られている。相手に「よく説明し、納得を得て、信頼を高める」というのは多くの専門職業者にも当てはまる大事な倫理的行動である。職業としての倫理規定は、定めるだけでなく、現場の実際の行動につながるようになっていることが重要である。

　話をもどすと、「公共の安全」は、「環境の保全」に比べて、その具体的な取り組みが見えないところがある。各職務では、それぞれの専門分野で、例えば、食品衛生法、建築基準法、電気用品安全法など安全確保の法令規則が定められているが、全般的に共通となる安全の基本的骨格となる明確なものがない状況にある。このため、技術的な業務おける安全を確保するための取り組みの全体的な底上げが十分でないように思われる。このため、いろいろな業務分野において、事故、偽装、不正の発生が絶えることのない状況の一因になっていると考えられる。

　2000 年に第 45 条の 2 の公益確保の責務規定が追加されたのは、前述のように、当時、重大な事故が多発し科学技術に対する信頼性が損なわれていたという危機感が背景にあった。しかしながら、2000 年以後も、福島第 1 原子力発電所事故、笹子トンネル天井板落下事故、自動車燃費不正、金属素材品質検査不正などが発生している。生物系産業関係でも、牛のＢＳＥ（牛海綿脳症）発生、口蹄疫発生、食品の異物混入、血液製剤不正製造などが発生している。事故、不正等の発生要因は、共通のものが多く、各職場、各業界、各分野が教訓として、共通認識をもち横断的な事故防止対策の取り組みを徹底することが必要となっている。

　技術士法の目的に、「科学技術の向上と国民生活の発展に資する」と定められ

ており、多数の技術分野の横断的な法律である。前述の第 4 章の技術士等の義
務として「公益確保の責務」が定められ、「公共の安全に努めなければならない」
と規定されている。これは、単なる精神的な努力規定ではなく、条文の規定表
現にあるように、義務であり責務であると理解される。したがって、技術士だ
けでなく、技術的業務に携わる者は、社会の安全を責務として具体的な指針の
下に行動しなければならないと理解される。この技術士法の追加改正の背景と
意義を十分に認識し、技術関係者の倫理的行動として有効に機能することが必
要である。このことを、あらゆる分野の従事者に広く浸透させ、安全確保のた
めの具体的な取り組み行動となるようにし安全確保のレベルアップすることが、
極めて重要であると考えられる。

　技術に関する職業倫理は、技術関係者による実際の行動となって、社会にお
ける成果、結果が出ることが必要である。倫理的行動により、事故・偽装・不
正の発生を実際になくし、国民の安全と生命、健康を守り、一層の安全・安心
な社会を実現することで、科学技術の信頼性を高め、現在と将来の社会の発展
に貢献することになる。

表 4-1　技術士法の倫理規範規定

「技術士等の義務」 （技術士法第 4 章）	規定内容	規定の性格
公益確保の責務 （1900 年に追加）	・公共の安全 ・環境の保全 ・その他の公益を害さない	技術士（技術関係者）の 最重要規定
資質向上の義務 （1900 年に追加）	・知識及び技能水準の向上 ・その他の資質向上	専門家共通の重要規定
信用失墜行為の禁止	・信用を傷つけない ・不名誉となる行為をしない	職業人共通の規定
秘密保持義務	・秘密漏えい、盗用の禁止	職業人共通の規定
技術士名称表示義務	・登録技術部門の明示 ・非登録の部門表示の禁止	専門家共通の規定

第5章　生物系産業の事故・偽装・不正の発生状況
―事故・偽装・不正の発生事例に学ぶ―

事故・偽装・不正の発生の概要

　生物系産業の倫理的行動の最大の狙いは、具体的に、事故、偽装、不正を防止し、安全・安心な社会の実現に寄与することである。このことは、前章で説明したように、技術士法の倫理的規定においても、公益確保の責務として、「業務を行うに当たっては、公共の安全、環境の保全その他の公益を害することのないよう努めなければならない」と規定されていることからも、当然のことである。

　しかしながら、近年、生物系産業の関係においても、事故・偽装・不正（以下、「事故等」ということがある）が多発していることも事実である。事故等の発生状況から発生の原因と被害等を知り、そこから教訓を得ることは、同じような事故等の発生を防ぐために大変に重要である。職業の倫理行動は実践的なものであるから、具体的な事例に学び教訓を得て、実効ある倫理行動を実施することが極めて大切である。

　以上のことから、発生した事故・偽装・不正の事例を概括して見ることとする。取り上げた事例は、生物系産業に係るもので、主に農林水産業、食品産業に関連するものを中心に取り上げた。事例はその性質から、事故、偽装、不正に大まかに分けることができるが、明確な定義があるものではない。事故、偽装、不正は概ね以下のように内容をイメージしている。なお、例えば、偽装と不正の両方の性格を有するものも多い。また、組織で問題が発生した時に、「不祥事」という言葉が使われるが、これは、不正行為などが発生して「困った事」という多少感情的な意味合いがあるものと思われるが、本書ではあまり使って

いない。

事故	：食中毒、アレルギーの発生、食品への有害物質・異物の混入など
偽装	：食材産地表示、原材料等の表示、消費期限の等のごまかしなど
不正	：品質検査のねつ造、製造工程の変更、品種の不正持出しなど

　事故は、健康被害のケースが多く、また、物理的被害の場合もある。食品事故というと食中毒を指すことが多い。近年、異物混入の食品事故も増えている。偽装は、産地の偽装が多く食品特有のものであるが、その他の偽装も多い。不正は、法令や規則、基準などの違反の場合である。なお、偽装も不正行為である場合が多いことを断っておく。

　なお、事故には、機械や装置、農機機械等によるものもある。特に農作業中の傷害、死亡は深刻な事故で、他産業に比べて事故率が高いとされているが、本書では、あまり取り上げていない。また、事例は、全てを体系的に網羅しているものではなく、筆者が把握しているものだけであることをお断りしておく。また、年代の区切りも、切の良いところで区切ったもので特別の意味はない。本事例は、倫理的行動を考える上で取り上げたもので、それ以上の意味はないものであることをお断りする。

2000 年までの事例：公害の発生、集団食中毒の多発

　この時期は、いわゆる公害が多発し、広域な環境汚染が深刻な社会問題となった。また、多数の被害者を出した集団食中毒事例がいくつか発生し、社会的に大きな問題となった。なお、これら以外にも、多くの事故等が発生していると思われる。

1891 年	足尾銅山鉱害の帝国議会へ提訴の事例
1955 年	ヒ素ミルク中毒の発生事例
1956 年	水俣病の公式確認の事例
1965 年	新潟水俣病発生の発表事例

1968 年	イタイイタイ病の公式認定の事例
1968 年	食用米ぬか油症の発生事例
1984 年	からし（辛子）レンコン食中毒の発生事例
1996 年	病原性大腸菌 O157 による食中毒の発生事例
2000 年	乳製品集団食中毒の発生事例

　1891（明治 24）年、帝国議会に「足尾銅山鉱毒ノ儀二付質問書」が提出され、足尾銅山鉱害が広く知られた。この鉱害の発生は、かなり以前から発生していたとされている。この鉱害が、わが国で最初に発生した公害と言われており、広域環境汚染の事例である。足尾銅山から流域河川に流出した銅化合物により水田農地が汚染され、米等の農作物に被害を与えた。また、亜硫酸ガスを含む鉱煙により、周辺の森林等が枯死するなど大きな被害を受けた。

　1960（昭和 35）年前後には、水俣病、新潟水俣病、イタイイタイ病の発生が相次いで確認されている。いわゆる「4 大公害病」である。水俣病は、化学工場から海域に流出した有機水銀を、魚介類の摂食を通じて人間が摂取したことによるものである。脳神経系に影響を及ぼし重篤な症状も多く発生した。新潟水俣病も河川に流出した有機水銀を原因とし、同様なメカニズムによるものである。また、イタイイタイ病は、鉱山製錬所からカドミウムが河川に流出し、これを含む水、米、野菜等を摂取したことによるものである。

　これらは、いずれも広域的な環境汚染であり、水俣病及び新潟水俣病では魚介類の捕獲が禁止された。イタイイタイ病では米等の栽培が制限され、また米の流通が禁止された。このように、漁業、農業に大きな被害と影響を与えた。いずれも、有害物質を含む排水等が、海、河川に放出されたことにより発生したものである。このような広域な環境汚染は、周辺の広大な環境を劣化させるとともに、多数の人の健康に被害を与えた。また、農地、林地、魚場も失われ、広範な農林水産業にも深刻な影響を与えた。環境の復旧にも、長い年月を要し、膨大な経済的負担となった。

　また、この年代は、深刻な集団食中毒の事例が多く発生したことも特徴であ

る。ヒ素ミルク中毒事例では、粉ミルクに混入したヒ素により多くの乳児が被害を受けた。また、食用米ぬか油症事例では、米ぬか油に混入したＰＣＢ（ダイオキシン類を含む）により被害が発生した。これらは、毒性の高い物質の混入による食品中毒事故の事例である。

　有害微生物による集団食中毒も発生している。からし（辛子）レンコン食中毒では、ボツリヌス菌の増殖により汚染されたレンコン製品によるものであり、死亡者も出ている。また、1996年に、病原性大腸菌O157による食中毒が、学校給食で発生した。多数の児童に被害が出て、社会的な問題になった。これは、わが国において最初のO157による食中毒の発生である。これ以後、病原性大腸菌O157による食中毒が、毎年のように全国的に発生するようになった。2000年の乳製品集団食中毒事例は、食中毒菌が産出した毒素エンテロトキシンに汚染された乳製品（低脂肪乳製品等）の摂取によるものである。この食中毒事例も多くの被害者が出て、また、対応上の不備もあり、社会的な問題にもなった。

　このような大規模な食中毒の原因は、新たな有害化学物質、海外から入ってきた病原菌、また従来から生息している病原菌などであった。集団食中毒の発生は、多くの人が健康を損ない、また、子供や老人などの体力の弱い人は重篤な症状となり命を失うことも多い。したがって、1つ1つの集団食中毒の事例から原因や対応状況などから教訓を学び、事故等の発生を未然に防ぐような取組み、対策を強化することが重要である。食中毒は、後で気が付けば防ぐことができたことが多いものである。

　食中毒の原因となる有害物質や有害微生物が、食品に混入した経緯は次のように大別できる。

① 原材料・添加物に混入から	② 使用水に混入から
③ 使用器具類の付着から	④ 食材に付着から
⑤ 従事者の感染者から	⑥ 製造工程の使用物質から
⑦ 製造工程で生成から	

　食中毒を防ぐには、混入経路を遮断すること、消毒を徹底すること、原材料の品質管理を徹底することなど、基本的な衛生管理対策が有効である。また、従事者や関係者の手洗い等の衛生管理の徹底、生産工程の洗浄・点検、製品の品質管理などを着実に実施することが基本である。小さな危険性も見逃さずに、あらゆる危険性を常に探し見つけ、その解消に尽力することが不可欠である。

　この時代に発生した広域的な環境汚染、大規模な集団食中毒は、規模も大きく、健康被害を受けた者も多い。健康被害の補償関係の対応に長期間を要し、また、自然環境の復旧にも多額の費用を投じることとなった。社会的にも大きな問題となり、社会経済的な損失も大きなものがあった。その後の事故等の対応に多くの課題と教訓を残した。

2000 年から 2010 年の事例：家畜伝染病の発生、食品偽装の多発

　2000 年に入ると、食材や物流の国際化の進展に伴って、海外関係に起因する家畜伝染病の発生、また、食品偽装の事例が頻発したのが特徴である。

2000 年	口蹄疫（宮崎県、北海道）の発生事例
2001 年	ＢＳＥ（牛海綿状脳症）の発生事例
2002 年	外国産牛肉の国産偽装の事例
2002 年	外国産鶏肉の国産偽装の事例
2002 年	登録失効農薬使用の事例
2004 年	高病原性鳥インフルエンザの発生事例
2007 年	牛肉不使用の牛ミンチ肉偽装の事例
2007 年	和菓子の消費期限偽装の事例
2007 年	比内地鶏偽装の事例
2008 年	中国産冷凍餃子の殺虫剤混入の事例
2008 年	飛騨牛偽装の事例
2008 年	事故米偽装販売の事例
2008 年	中国産蒲焼ウナギの産地偽装の事例

2009 年	中国産ウナギの産地偽装の事例
2010 年	宮崎県で口蹄疫の発生事例
2010 年	松坂牛偽装の事例
2010 年	高病原性鳥インフルエンザの発生事例

　家畜伝染病の関係では、主なものでも 2000 年と 2010 年に口蹄疫、翌 2001 年にＢＳＥ（牛海綿状脳症）、2004 年と 2010 年に高病原性鳥インフルエンザが発生している。このように、海外から伝播した家畜の伝染病が急増している。法定伝染病であるのも多く、家畜に大きな被害を与えるとともに、地域経済にも影響を与えた。

　2000 年に発生した口蹄疫は、被害は小規模にとどめることができた。しかしながら、10 年後の 2010 年に宮崎県に発生した口蹄疫は、感染地域が県内に広がり大被害となった。また、2001 年のＢＳＥ（牛海綿状脳症）の発生は、英国を中心に海外で多発しており、わが国でも防疫措置を採っていたにもかかわらず日本の牛に感染した。加えて、英国でＢＳＥが人間にうつり死亡したことが発表されたこともあり、国民に安全・安心に対する不安が増し、大きな社会問題となった。さらに、2004 年に高病原性鳥インフルエンザが久しぶりに発生し、以後たびたび発生するようになった。鳥インフルエンザのウイルスは、冬に飛来する渡り鳥、野鳥に運ばれてくるといわれており、冬期間は厳重な警戒が必要となっている。これらの家畜伝染病が感染蔓延すると、移動制限区域等が設けられることから、畜産業だけでなく、地域経済活動にも大きな影響を与えた。

　特に、ＢＳＥ（牛海綿状脳症）の発生、蔓延は、食の安全と安心について大きな課題と教訓を与えた。感染時の早期発見と迅速な初動が最も大事であることが教訓とされた。また、リスク（危険可能性要因）の評価、リスクの管理（リスクの解消軽減）、リスクコミュニケーション、そして危機管理体制の重要性が認識された。このため、新たに内閣府に「食品安全委員会」が設置され、リスク評価（食品健康影響評価）を担うこととなり、食の安全確保のため関係機関との密接な連携を行うこととなった。

　海外に関係する事例では、2008年に中国産冷凍餃子に殺虫剤（メタミドホス）が混入された事例が発生している。食材や食品の製造を海外に依頼することが多くなったことから、食品の衛生・品質管理の徹底は、国内だけでなく海外の製造工場にまで広げて考えなければならない時代になっている。

　この年代のもう1つの特徴は、食材や食品表示の偽装の事例が多発していることである。具体的には、外国産の牛肉、鶏肉、ウナギを日本産に偽装した事例が発生している。また、国産肉でも、高い銘柄の飛騨牛、松坂牛、比内地鶏に偽装した事例が発生している。このような偽装は、差額を狙って安易に経済的な利益を得るものであり、消費者に金銭的な損失被害を与え、食に対する不信感を高めるものである。また、正規食品の銘柄の信頼性を著しく低下させるものでもある。このような食品偽装は、食の安全と信頼を大きく損ない、倫理的にも許されるものではない。このため、特に、食品の産地偽装については、法律で罰則の強化等の措置が講じられた。

　米についても偽装事例が発生した。2008年に事故米を偽装販売した事例が発生している。事故米とは農薬検出、カビ発生、劣化等で食用に適さなくなった米で、保管管理していた政府が払い下げたものである。この非食用に限定使用の事故米を払い下げを受けた業者が、食用として偽装販売したものである。この事例の発生を機に、米穀等の流通ルートを明確に把握するため、取引関係の情報を記録すること等を義務づける法律が制定された。

　また、2002年に登録失効農薬を使用した事例が発覚している。これは、梨の病害防除のための殺菌剤が登録切れ（失効）となり使用が禁止されたにもかかわらず、使用したものである。本来、廃棄処分すべきものが販売されて、農業者が使用したものである。農業の現場においても、農薬の使用等について、法令規則の順守が必要である。

　以上のように、この年代は、ＢＳＥ（牛海綿状脳症）の発生、産地の偽装、原材料の偽装などが多発した。このため、消費者の不安が高まり、食の安全と安

心の意識が格段に強くなり、消費者の目は厳しくなった。したがって、生物系産業に関連する関係者は、食の安全・安心の確保のため、法令の順守はもとより倫理規範を守ることが不可欠となった。

2011年から2015年の事例：特異な事故、異物混入の多発、不正製造

　この時期は、今までに例のない特異な事故や不正が発生した。また、食品の異物混入が多発して問題となった。さらに、農業生産資材関係（製剤、肥料）において、不正製造が発覚し社会問題となった。

2011年	石鹸によるアレルギー発症の事例
2011年	ユッケO157等集団食中毒発生の事例
2011年	福島第一原発事故の放射性物質基準超の牛肉、米の事例
2012年	浅漬けO157食中毒の事例
2012年	ポテトチップス異物混入の事例
2013年	大量米穀の産地・用途の偽装の事例
2013年	中国産ウナギの産地偽装の事例
2013年	ホテル料理食材のメニュー偽装表示の事例
2013年	スーパーの米食材の産地偽装の事例
2013年	大手食品会社の冷凍食品に農薬の混入事例
2014年	小学校給食の集団食中毒（ノロウィルス）の事例
2014年	高病原性鳥インフルエンザ発生の事例
2014年	カップ麺の異物混入の事例
2014年	日本向けのハンバーガーの使用期限切れ肉で製造の事例
2015年	血液製剤等の不正製造・偽装発覚の事例
2015年	肥料の不正製造・表示偽装発覚の事例

　2011年に、東北地方太平洋沖地震により福島第一原発事故が発生し、放射性物質が外部環境に大量に放出された。農地、森林地、海水面、内水面にも、放射性物質が降り注ぎ、農林水産業に大きな被害を与えた。流通した牛肉で、暫

定規制値を超える放射性物質が検出された。これは、放射性物質を含む稲ワラの給与によるものであった。また、米についても、基準値を超える米が生産された。現地調査により県で米の安全を宣言された後のことであった。これら放射性物質の汚染の牛肉、米は、ごく一部のものであった。現在、牛肉、米の放射性物質基準超えのものは、流通していない。しかしながら、食べ物については、いわゆる風評被害となり、長い間、影響が続くことが多い。

　2011年に、石鹸に含む小麦由来成分により、小麦アレルギー発症が発生している。これは、食品からの直接摂取ではなく、石鹸使用による皮膚粘膜からの成分吸収によると考えられる。今までにない特異な発生経路のアレルギー症の発症であった。また、2013年に、食品製造工場の従業員が、意図的に農薬を食品に混入した事例が発生した。国内で意図的に農薬が混入された事例は初めてである。社会に衝撃を与え、製造工場内部の管理体制の在り方が課題となった。このような事例は、従来には見られなかった事例である。

　流通関係業にも偽装が多く発生している。2013年にホテルで、料理メニューの食材表示を偽装した事例が発生している。これは、顧客に損害と不信感を与えるだけでなく、日本の食に対する信頼を損なう行為である。また、アレルギー物質が含む食材が表示されていなければ、アレルギー発症の危険な行為でもある。同年に、スーパー店で、国産米使用表示の弁当やおにぎりに外国産米を混入した事例、米穀販売業者等による産地・用途の偽装事例など、米に関わる偽装事例が発生している。

　また、2014年に、日本向けのハンバーガーの製造で、使用期限切れの肉を使用していた事例が発生している。食品の販売・流通関係は、消費者の最前線に位置していることから、偽装、不正は消費者に直接影響を与えることから反響も大きくなり、食に対する不安を直ちに喚起することになる。

　この時期は、食品への異物混入事件が相次いだことも大きな特徴である。2012年に、ポテトチップスにガラス片の混入事例が発生した。ガラス片やアルミ片などの混入は、人への健康を害する恐れもあり危険である。また、カップ麺に

昆虫部位の混入の事例が発生している。これらの混入は、施設・器具の管理体制や製造工場内の衛生管理体制の不備が疑われることとなる。また、インターネットによる情報伝達も加わり、食品への異物の混入の情報が瞬時に拡散し、社会的な規模の問題となることが多くなっている。異物の混入はごく一部であっても、大量の製品回収（リコール）をせざるを得なくなり人的、経済的な負担も大きくなるので、製造工程を中心に細心のリスク管理の徹底を講じておく必要がある。

　また、従来型の病原菌による事故も頻発している。2011 年に焼き肉店のユッケによる O157 等の食中毒、2012 年に浅漬けによる O157 の食中毒が発生している。これらの事例では、死者も出ていることから厳重な衛生管理の徹底が必要である。2014 年に、小学校給食のパンがノロウィルスに汚染され、集団食中毒が発生した。食材の品質管理、調理施設や調理器具等の衛生管理の徹底とともに、従事者の不断の衛生管理意識の徹底がいかに大事であるかを示している。

　特記すべきは、農業資材の製造関係についても不正、偽装が発覚したことである。2015 年には、血液製剤等の不正製造・偽装が発覚し、また同年、肥料の不正製造・偽装が発覚している。これらは発覚するまで、長い年月にわたり偽装、不正が続けられた。血液製剤等の不正製造・偽装は、人のワクチンが中心であるが、家畜のワクチン等も含まれていた。国承認の製造方法と異なる不正な製造方法で製造していたものである。加えて、国の検査時に虚偽の製造記録書等を作成して対応していたことも判明した。

　また、肥料の製造不正は、正式な製造設計とは異なる工場設計により製造しており、肥料製品の原料表示と実際の使用原料とが異なっていた。このため、有機農産物や低化学肥料農産物の認定が取消しとなったケースがあり、農産物の生産現場においても経済的に影響が出た。

　この血液製剤等と肥料の不正製造の事例は、いずれも製造現場で長年にわたり、かつ、ほとんどの製品で不正・偽装が行われていた。組織的な不正・偽装であり、社会的にも大きな問題となった。組織全体としての、法令等の順守体制と従事者の倫理的行動の面で大きな教訓となった。

2016年から現在の事例：検査不正、豚熱発生、遺伝資源の不正持ち出し

2016年	食品廃棄物の食品横流し発覚の事例
2016年	ツナ缶異物混入の事例
2016年	高病原性鳥インフルエンザ発生の事例
2017年	缶詰異物混入の事例
2017年	種子偽装の事例
2017年	惣菜O157食中毒発生の事例
2018年	事故米の偽装出荷の事例
2018年	賞味期限切れの冷凍鶏肉を給食用に出荷の事例
2018年	ハンバーガー店の食材O121食中毒発生の事例
2018年	岐阜県で豚熱（CSF）発生の最初の事例
2018年	関係メーカーの金属部品検査不正発覚の事例
2018年	小学校の給食ご飯に金属片混入の事例
2018年	小学校の給食オカズに釣り針混入の事例
2019年	食品リサイクル工場の汚水排出の事例
2019年	和牛の受精卵・精液を中国に不法持ち出し告発の事例
2019年	県登録品種苗（イチゴ）の無断持ち出し発覚の事例
2019年	食品に金属片混入可能性による食品回収の事例
2019年	食品（チョコ）のアレルギー物質成分混入で回収の事例
2019年	ペット用フードのサルモネラ菌が検出で販売中止の事例
2020年	沖縄県、山口で和牛子牛の血統登録の不一致の発覚事例
2020年	全国的に人の新型コロナウイルスの感染発生の事例
2020年	肥料（特殊肥料等）の無届けネット販売の不正事例
2020年	小中学校で大規模集団食中毒（病原性大腸菌O7）の発生事例
2020年	高病原性鳥インフルエンザ発生拡大（香川県、宮崎県等）の事例

　2016年に、食品廃棄物業者が、本来廃棄処分しなければならない食品廃棄物を、食品販売業者に大量に横流ししたことが発覚した。これは、今までにない

事例である。この事例の発生に関して、食品ロスの問題が改めて課題となった。また、2017 年に惣菜店の惣菜による O157 食中毒が発生している。さらに、2018 年にはハンバーガー店で O121 食中毒が発生している。いずれも重篤な健康被害や死者が出ている。これら病原性の腸管出血性大腸菌は、今や全国どこでも生息していることから、注意を怠らず衛生管理の徹底を図ることが必要である。

2018 年に、小学校給食でご飯に金属片の混入、また、別の小学校給食でオカズに釣り針が混入した事例が発生した。これらは、児童・生徒のケガに直結する危険な異物であり、特に学校給食にあっては万全の注意が必要である。混入経路の調査と防止対策を強化する必要がある。なお、給食による食品アレルギーによる事故も度々発生しているので、食材と給食の取り扱いは細心の注意が必要である。2020 年に小中学校で大規模（約3,500 人）な集団食中毒が発生した。給食センターでの給食が病原性大腸菌 O7 に汚染されていた。市から委託されてた給食センターにおいて食材の加熱処理が不適切であったとされている。給食センターは多量の給食を製造することから細心の衛生管理の徹底が必要である。

2018 年に、関係メーカーが金属部品（圧延ロールなど）の品質データを取引先と定めた基準に合うように不正に書き換えていたことが発覚している。この不正は 40 年もの長年に続けられたとされている。なお、この時期、同様な不正が工業関係の製造業で多発した。2017 年に複数の大手素材メーカーによる品質データの不正が発覚している。また、2018 年にも、多くの自動車メーカーによる燃費データの偽装、無資格者による検査、検査データの改ざん、検査条件の変更、完成車の不正検査が発覚している。

このような偽装、不正が多発したのは、出荷納期の厳守、検査人員不足などの背景があるとされている。また、製造現場においても、前例踏襲、倫理規範意識の希薄などもあるとされている。さらには、製造部門と他部門の相互連携が不十分であることも起因しているとされている。

いずれにしろ、このような製品の品質検査不正は、許されるものではない。このように長期的な不正は、1 部門にとどまらず、組織全体のガバナンス（統治

と責任）とコンプライアンス（法令倫理規範順守）の問題であり、組織風土の問題でもあるとも言える。長期的な不正は、結局、大きな経済的損失を負わせ、組織的な問題に発展することが多い。同時に、社会に不安と不信感を高めるものである。今まで築いてきたわが国の誇る「品質の高いモノづくり」と「優れた技術」に対する信頼性が低下していくことになる。

　2019 年に、食品会社の製品（チョコ）に健康被害が出たため製品回収した事例が発生した。これは、原材料には含まれていない乳成分（アレルギー物質）が混入したことによる。混入は製造ラインの清浄が不十分だったことによるとされている。数ヶ月前から乳アレルギーの症状の報告があったが、回収対応が遅れたことも課題となった。特に、食品のアレルギー物質の混入は重篤な症状になることもあるので十分な注意が必要である。また、2019 年に、ペットフードを食べた犬や猫に嘔吐や下痢などの症状が発生し、当該ペットフードを販売中止した事例が発生した。当該ペットフードからサルモネラ菌が検出されており、衛生管理が課題となった。

　2019 年に、和牛の受精卵・精液を中国に不法持ち出して告発された事例が発覚した。これは、法の許可を得ずに、和牛受精卵と精子の格納保存容器を多量に中国に持ち出したものである。このような行為は、日本の和牛産業に大きな打撃を与えるものである。また、同年に、県が開発登録したイチゴの苗を、無断で持ち出して販売された事例が発覚している。さらに、2020 年に沖縄県で異なる血統の子牛出荷が発覚している。同様に、山口県でも、和牛子牛の血統登録（父牛）の不一致が発覚した。

　肉質の良い血統の和牛は長い年月をかけて改良育成されたものである。野菜、果樹等植物の品種改良も 10 年以上の年月をかけて開発されたものである。いずれも貴重な知的財産である。このような遺伝資源の不正な持ち出しは、品種改良開発関係者の利益を損なうだけでなく、使用許可を得た正規の利用者にも大きな経済的な損失を与える。特に、海外に流出すれば取り返しのないこととなる。わが国の食品の輸出にも長期にわたり大きな影響を与える。遺伝資源の

不正持ち出しは、以前からあったとされており、国は、不正持ち出しの規制を強化する法的措置を講ずることとした。特に、遺伝資源の重要性を認識している農畜産関係者は、不正持ち出しに関与することがないようにしなければならない。

　豚熱（ＣＳＦ、豚コレラ）が、2018年9月に岐阜県で発生し、2020年9月現在おいても終息していない。わが国はＣＳＦが存在しない「清浄国」であったが、26年ぶりの発生である。岐阜県の優良ブランド肉の種豚も殺処分される被害が出た。その後、愛知県、長野県、三重県、福井県、埼玉県、山梨県、沖縄県、そして群馬県の9県に発生が広がった（2020年9月現在）。また、これらの県も含め18都道府県でイノシシの陽性事例が確認された。

　対策として、関係養豚場の消毒衛生管理の徹底、野生イノシシ侵入防止の防護柵の設置等を実施している。また、豚ワクチンの接種にも踏み切った。最初に発生した岐阜県内での感染拡大を抑えることができなかったこと、野生イノシシの感染を防げなかったことなどから感染が他県に拡大した。ＣＳＦは感染力が強く、豚の致死率も高く、養豚業に与える影響を大きく、関連の食肉産業、食品産業と広い産業に影響し、地域経済にも多大な影響を与える。したがって、これ以上の拡大を防ぐような的確な対応が望まれる。

　さらに、アフリカ豚熱（ＡＳＦ）の感染が海外で広がっており、日本への侵入の危険性が高まっている。ＡＳＦは致死率が高くワクチンも効かない。海外からの肉の持込み禁止や検査の強化が必要となっている。検査上陸の危険性が高まっているため、動物検疫の一層の徹底が必要である。

　このように、近年、口蹄疫、病原性鳥インフルエンザ、ＣＳＦ（豚コレラ）の家畜伝染病が発生・蔓延し、畜産業や地域経済に大きな影響を与えている。これらの教訓を活かし、国内外の防疫体制を強化するとともに、関係組織、現場においても、発生予防と蔓延防止のために全力をあげる必要がある。

　2020年11月に香川県で高病原性鳥インフルエンザが発生した。養鶏場での鳥インフルエンザの発生は2018年以来であり、11月の発生は発生時期としてかなり早い。全国的に感染リスクは高まっていると考えられるので野鳥の侵入

対策、養鶏場周辺等の消毒など衛生管理の徹底を図る必要がある。その後、福岡県、兵庫県、宮崎県、奈良県、広島県など西日本を中心に発生が拡大し、さらに千葉県でも発生するなど全国的な広がりとなっており、過去にない大規模の発生となっている。また、鳥インフルエンザによる関係の鶏の殺処分頭数は過去最多数の規模となっている。インフルエンザウイルスは忘れたころにやってくる。このため、海外の発生状況を常に監視するとともに、冬季を向かえるに当たっての警戒を怠らず、常に基本的な衛生管理の徹底を図ることが必要である。

　2020 年に人の新型コロナウイルスが世界的に大発生し、わが国においても、1 月に感染が確認されて以後、全国に蔓延して、経済、社会に大きな影響を与えている。緊急事態宣言など国および都道府県等で感染防止拡大阻止の取り組みの努力を実施してきたが、12 月末現在で、国内感染者の累計数は約 23 万人を超えるものになっている。新型コロナウイルスが食品を媒介にして感染拡大した事例は確認されていないが、レストラン、飲食店などで人が密集しないように徹底的な管理が必要である。また、食品工場内で多人数の従事者のクラスター（感染集団）が発生した事例もある。人の集まる場における「密閉、密着、密接」を回避するとともに、マスク着用などの感染対策についての 1 人 1 人の意識的な行動が不可欠である。また、コロナウイルスの感染拡大は、社会的、経済的に深刻な影響を与えており、飲食店、ホテル、旅館、小中学校等の休業措置などにより、野菜、畜産物、海産物などの需要が激減するなどの農水産物の需給に大きな影響を与えている。

　以上のように、従来から今日まで、生物系産業において、多種類の事故、偽装、不正が発生してきている。また、新たなタイプの事故等も発生してきている。このような事故等からの教訓を得て、事故等の発生を防ぐことが、生物系産業の従事者にとっての倫理的行動として、最優先すべきものである。このため、現場の従事者においても、不断に事故等の発生に直結するリスクについて、その探索と減少・解消に尽力することが極めて重要である。このような具体的

な取り組みにより、生物系産業が社会の信頼性をさらに高め、社会の貢献に一層寄与することとなる。

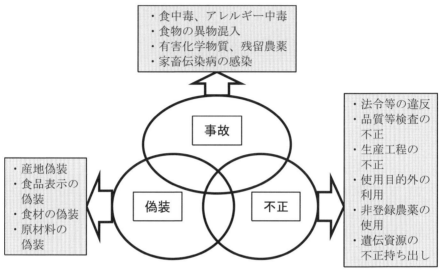

図 5-1　生物系産業の事故・偽装・不正のパターン

第6章　リスクの種類とリスク探索

―リスクは常に発生、常に探索が不可欠―

リスクは多種類

　前章で見たように生物系産業の農業と食品に関して、事故、偽装、不正が多数発生してきている。これらの発生を防ぐことが倫理的行動として最も重要なことである。これらの事故、偽装、不正の発生は、何もなく突然に発生するのではなく、背景や原因、また兆候が必ずある。つまり、事故等の発生に発展する可能性のある危険性が存在していることになる。したがって、この危険可能性の要因、すなわち「リスク」を十分に発見認識し、そのリスクを解消又は実害がない程度に減少することが極めて重要なことである。

　リスク（risk）とは、危険そのものというよりは、危険可能性の要因（短くして「危険性」）である。事故、偽装、不正の発生を誘因または喚起する可能性のあるものである。なお、よく似た言葉にハザード（hazard）がある。危険性の高い場所を表示した地図をハザードマップと称している。一般には「危険な場所」と理解されているのでハザードは危険そのものの意味合いが強い。なお、食品関係では、ハザードを「危害要因」として、健康に悪影響を与える原因となる可能性のあるもの（有害微生物、有害物質など）の意味で使用している。

　本書で扱うリスクは、主に生物系産業（農業、食品産業）に関するもので、工業や商業関係などは除いている。また、現場における技能、技術に関する業務におけるリスクが中心であり、組織の経営管理レベルで問題となる法務的リスク、財務的リスク、労務的リスクなどについてはあまり触れていない。しかしながら、これらのリスク管理が不備であると、法令規則の無視、必要な経費の

未調達、必要な人員の未補充などにつながり、現場のリスクの増大をきたす恐れが大きくなる。このように現場のリスクと密接な関係があることに留意する必要がある。現場レベルのリスクをその性格による分類例を示すと次のようである。

①機械的リスク：　　　機械的な故障や事故などの原因となるもの
②物理的リスク：　　　異物や有害物質の混入などの原因となるもの
③生物的リスク：　　　有害微生物による食中毒などの原因となるもの
④ソフト的リスク：　　産地や表示の偽装の原因となるもの
⑤リーガル的リスク：　不正や規則違反の原因となるもの

なお、例えば、産地や表示の不正は、法令違反を伴うことが多いので、ソフト的リスクとリーガル的リスクの両面の性質を有している。このように、1つのリスクが複数の性格を持つ場合も多い。

以上は性格による分類であるが、リスクの発生の視点から見ると、大きく分けて、組織内で発生する「内発性リスク」と、組織外で発生する「外発性リスク」と区別すると分かりやすい。例えば、ガラスやプラスチックなどの異物の混入は製造工場内の機器の破損の可能性が大きい。また、食中毒の発生は、外部からの食中毒菌の侵入によることが多い。なお、食中毒の最終的な発生は、製造工場内部で殺菌や繁殖を防止できなかったという内部のリスク管理の不備もあることが多い。このように、リスクを内発性と外発性に分けたが、外発性リスクは組織の中に取り込まれ、内発性のリスクとなることがあることは断っておきたい。内発性リスク及び外発性リスクの主な内容は以下のとおりである。

外発性リスク
　ア　外部からの不良原料搬入、有害物資混入
　イ　外部からの有害微生物（食中毒菌、家畜伝染病菌等）の侵入
　ウ　外部からの原材料等の供給停止

　　エ　停電による電気等の供給停止

　　オ　地震、異常気象等の外部環境の変化

　　カ　外部からの意図的な有害物質混入、サイバー（ネット）攻撃

内発性リスク

　　ア　機器等の劣化・陳腐化、点検・保守・修理の不備

　　イ　内部施設、機器等の破損による異物の混入

　　ウ　製造工場内の衛生管理の不備、不徹底

　　エ　生産工程内の有害物質の生成、化学物質等の混入

　　カ　人為的なミス（ヒューマンエラー、誤操作、錯誤、不注意）

　　ク　意図的な行為（産地・表示の偽装、原材料偽装、製造工程変更等）

　　オ　法令規則・ルール違反、データ・資料のねつ造

内発性リスクと外発性リスク

　リスクを外発性リスクと内発性リスクに分けた場合で、主な具体的な例を述べる。外発性リスクについて、食品関係で特に深刻なものが、有害微生物、有害物質の混入のリスクである。これは、いわゆる食中毒の発生に直結し、人の健康を害し、人命に直接かかわるものである。食品関係では、従来から一番に警戒すべき重大なリスクである。昔からの食中毒菌だけでなく、近年、海外から入ってきた毒性の強い腸管出血性大腸菌（O157等）が全国的に蔓延しており、有害微生物によるリスクが大変高まっている。食中毒菌の中に高温耐性のあるものもいるので、単に熱殺菌すれば安全であることはない。また、過去には、ヒ素、ＰＣＢなどの有害物質の混入により、大規模な健康被害となった食品事故が発生したことがある。有害微生物と有害物質は、重点的にマークすべきリスクであるが、いずれも直接目に見えないリスクであり油断できないリスクである。したがって、あらゆる有害微生物と有害物質の混入リスクには厳重な警戒が常に必要である。

　また、海外に起因するリスクで、家畜関係の特有のリスクとして、海外からの病原性微生物等による感染がある。以前に大きな問題となったＢＳＥ（牛海綿状脳症）は、肉骨粉に含まれた異常プリオンである。異常プリオンは家畜の飼

料に含まれて、英国等の海外から日本に混入したものである。また、口蹄疫、高病原性鳥インフルエンザ、ＣＳＦ(豚熱)のウイルス病原も海外から侵入した。これらの病原性微生物等の感染リスクは海外に常に存在する。特に、周辺の国において感染が拡大している時は、日本国内で感染するリスクは大変高まる。

　日本では使用できない原材料や薬品、農薬等が含まれた食品が輸入された事例も発生している。人間の移動や物流の国際化が急速に進展してきていることから、海外からのリスクも急激に高まってきている。

　さらに、最近、外発性リスクとして、自然災害が大きなものとなっている。毎年、台風、豪雨、土砂崩れ、洪水などによる自然災害が多発しており、建物の破損、交通遮断、停電が度々起こるようになった。これらは、業務に直接的に大きな影響を及ぼす。さらに、地球温暖化の進展につれて、今までにないような大規模な自然災害が頻発するといわれている。また、東日本大震災級の大型で大規模な巨大地震の発生も予測されている。自然環境に立脚する農林水産業、食品産業は、これらの自然災害に直接的に間接的に大きな影響受ける。

　また、情報化時代におけるリスクも増えている。ネットワーク等を通じた理不尽なクレームや中傷の頻発と拡散、また、サイバー（インターネット）攻撃なども想定される。

　次に、内発性リスクでは、機器等の劣化、システムの不具合がある。正常に稼働していても、稼働時間の経過とともに、どんな機器等も物理的な劣化は進行し、故障・事故の原因となる。また、想定されていない環境や条件の変化により、機器・システムがうまく作動しなくなるリスクは常にある。保守、修理しても、修理の不完全さにより大きな事故を誘発した事例もある。ネジ１本の緩みを放置したために大事故となった例も多い。機器の不具合によるリスクは、思いがけない事故につながる。機器の保守点検は、現場における常時管理の基本である。

　特に問題となっているのが、内部由来の異物の混入リスクである。プラスチック類、昆虫の部位、髪の毛などの混入は、直接的に健康に大きな影響を与える物質ではないが、消費者の嫌悪感と不安感を助長し、大きな問題

に発展している。異物でもガラス破片や金属類などは、直接、健康に害を与えるものである。これらの異物は、多くの場合、内部の施設、機器等の破損によるものである。また、昆虫の部位、髪の毛も多くは、施設内が発生源であることが多い。

　生産工程中の有害物質の混入のリスクもある。1968 年に熱媒体として使用していたＰＣＢの食品への混入事例があったが、生産工場内の非食用物質の混入リスクには十分注意しなければならない。さらに、生産工程内で生成される有害物質の混入リスクもある。食中毒菌が増殖し毒素を産出し、その毒素により食中毒が発生した事例がある。菌そのものは熱殺菌で殺しても、毒素が残っていた。また、代表的な公害である水俣病も、化学反応の触媒として使用していた水銀が、メチル（有機）水銀という有毒性が極めて高い物質に変成した。このように、生産工程の中で有害物質の生成混入リスクがあるので十分な点検が必要である。

　最後に、どうしても避けられないヒューマンリスクである。人為的なミスとしては、誤操作、錯誤、不注意などである。人間は機械のように、同じことを毎回、長期に、かつ正確に繰り返すことは困難である。その時のコンディションによって、判断力や正確性等が劣ることが多い。また、人間は同時に多くの情報を一度に的確に処理できない。例えば、複雑な機器のオペレーションの際に、複数の警告ベルが同時に鳴ると、操作ミス、判断ミスが生じることが多い。このような状況が発生して大規模な施設で大事故となった例がある。さらに、複数の作業が重なったり、多忙な場合にミスが起きることは誰しも経験していることである。また、人間は、新たな事態になった時でも、思い込みや経験で行動する傾向があり、間違いや事故が発生することもある。

　このように、人間は、単純作業でも、複雑な作業でも、頭脳作業でもあらゆる作業においてミスの発生するリスクを抱えている。人間は生物であり、コンピュータやロボットでないことから、人為的なミスを避けることはできない。ヒューマンリスクは、人間が関与している限り避けられないリス

クである。したがって、ヒューマンリスクの存在を前提にして作業管理とリスク管理を講じておくことが不可欠となる。

　一方で、人為的な行為でも、意図的な不正行為が大きな問題となっている。特に、食品関係では、従来から表示偽装や産地偽装が多発しており、食の信頼を大きく損なってきている。特に、牛肉、ウナギ（かば焼き）の産地偽装、また、米関係でも、常習的に偽装が発生している。これらの偽装は、人の意図的な行為である。消費者の不信を招き、引いては食品関係業界全体への悪影響も大きくなり正常な取引に大きな支障をきたすことになる。これらの行為は法令違反行為であり罰則等も強化されている。安易に自分だけ不当な利益を得ようとすることは長続きすることはなく、同業者に不利益をもたらすことになる。また、近年、審査の資料やデータのねつ造や、生産工程の無許可、品質検査の不正なども発生している。不正行為は、「悪意のある意図的なヒューマンリスク」である。このような悪意のヒューマンリスクを防止するには、法的規制だけでなく、倫理的な行動が基盤として、しっかりとしていなくてはならない。そうでなければ、悪意のヒューマンリスクはなくなることはないであろう。

　以上のように、リスクは内と外とあちこちに存在しており、また、リスクの性格からしてもリスクは絶えず生まれてくるものである。したがって、リスクの全てを完全にゼロにすることは不可能である。「リスクはない」「許されない」という認識から、リスクの「発生は避けられず、リスクは常にある」という認識を持って対処することが重要である。職場の内外の環境は絶えず変動している。絶対安全である状態にあることは絶対にない。
　したがって、第一にあらゆるリスクを探索し把握することが必要である。第二にそのリスクの評価、そしてリスクの軽減、解消のための管理対策をとることである。リスクの探索と管理は絶えず実行していなければならない。

食品関係のリスクの受け止め感は大きい

　リスクの種類によっては、社会の受け止め方には大きな差がある。例えば、消費者自らが自分ではどうにもならないリスクか、コントロール可能なリスクか、などによって受け止め方が相当異なる。消費者から見て、受け身的なリスクか、能動的なリスクか、である。受け身的なリスクとは、一方的に受けるコントロール不能なリスクである。一方、能動的なリスクとは、自ら制御できコントロール可能なリスクである。この受動的か能動的で、リスクの受け止める大きさ（重大性）に大きな違いが出てくる。

　食品関係についてみると、消費者にとって、食中毒は健康に関するリスクなので、大変に敏感で重大に受け止める。自分が食中毒にかかる可能性は少ない場合であっても重大に受け止める傾向がある。これは、1つは食品が健康と命に直結すること、2つは食品の摂取は避けることができないこと、3つは食品は見ただけでは危ないかどうか判断できないこと、である。つまり食品に係るリスクは、健康と命に係わり、自己で制御（コントロール）不可能なリスクである。また、口に入れてしまってからでは遅いのである。工業製品と違うのである。生物系産業に関わる者にとっては、このような食品関係リスクの性質について認識しておく必要がある。

　食品関係のリスクが大きな問題となったものに、2000年に発生したＢＳＥ（牛海綿状脳症）の例がある。なお、ＢＳＥは当初、狂牛病と呼ばれており必要以上に危険性を与えた感じがあったため名称を英語の頭文字を採って、ＢＳＥとした。当時、わが国で牛ＢＳＥが発生した頭数は最終的に約40頭である。牛の総飼養頭数が約400万頭とすれば、牛のＢＳＥの発生率（10マイナス6乗）は極めて小さいものであった。加えて、わが国の人の牛肉摂取の状況からして、人が感染する確率はさらに大変小さいものであると推定できた。しかしながら、ＢＳＥが人間に感染する可能性があることが発表されたことを契機に、牛肉の消費が急激に減少し、食の安全と安心の大問題となった。最近でも、食品の異物混入事故についても、混入した製品がごく少数であっても、大きな問題となっている。このように、食品の関するリスクは、客観的に推計された危険度がご

く小さくても、リスクは大変に大きく受けとめられる。食品特有の性質である。

　ここで、一般的に、リスクの大きさについて考えることにする。リスクの大きさは、そのリスクにより事故等が発生した場合、被害が大きければ、そのリスクは大きいと評価される。また、事故等の発生が頻繁に発生するものであれば、被害が大きくなると考えられるので、リスクが大きくなると見込まれる。したがって、リスクにより発生する被害の大きさと、発生頻度を掛け合わせて、リスクの大きさを評価することが考えられる。これは、統計学でいえば期待値の概念である。簡単な式で表せば以下のとおりである。なお、この式のリスクの大きさは、同種類のリスクの間で比較できるが、種類が異なるリスク間で相互に比較することはできないものである。

　リスクの大きさ　＝　被害の大きさ×被害の発生頻度

　この式からすれば、被害の大きさと発生頻度が共に大きければ、リスクの大きさが大きくなり、重視しなければならないリスクであることができる。これは当然のことである。一方で、被害が大きくても、発生頻度が小さい場合には、リスクの大きさは小さくなり、無視できる可能性も出てくることになる。例えば、大地震のように被害が巨大であるが発生頻度が相当小さいと予測されていたので、両者を掛け合わせたリスクの大きさは小さめに算出される。しかしながら、最近では、地震については発生頻度が多くなり、巨大地震の発生予測も出ていることから、十分な対応準備を怠ることのないようにしなければならないこととなっている。

　また、食品のように健康、生命に直接かかわるリスクについては、このよう式でリスクの大きさの評価をすることは無理があると考えられる。その理由の１つは、人命、健康に関しては、被害の大きさを評価することは難しいことがある。人の命を、保険などでは所得や治療費などで金銭的に評価する場合が多いが、便宜的で釈然としない感じがある。人の命は地球より重い、という言葉がある。事故で人命を失った遺族にとって無限大の価値があると思われる。人

の命は無限大であるとすれば、先の算式で、無限大と発生頻度を掛け合わせることになるから、発生頻度が極めて小さくても、リスクの大きさは無限大の大きさとなる。人命のかかるリスクは、発生頻度がどんなに小さくても、リスクの大きさは無限大である。人命を失うことは大変大きな出来事である。

　これに関連して、自動車の事故死のリスクについて考える。交通事故による死亡者は、1970 年で年間 1 万 6,765 人であった。あまりにも死亡者が多いので、当時、「交通戦争」といわれ大きな社会問題となっていた。交通事故撲滅の取り組みが強化されてきた。その成果があり、2018 年には年間 3,532 人に減少している。日本の総人口（126,443 千人、2018 年）からすれば、0.003％である。発生頻度は 10 のマイナス 5 乗レベルであるが、まだ、決して無視できる死亡者数ではない。

　ちなみに、1995 年 1 月に発生した阪神・淡路大震災においては 6,434 人が犠牲になっている。2018 年 7 月に発生した西日本豪雨では 263 人が死亡の大災害となった。また、2019 年 10 月に発生した台風 19 号による犠牲者（死者、不明者）は 100 人に達しており、防災・避難・被害について大きな教訓を残している。これらの犠牲者数から比べても、交通事故は、実に、毎年、3,000 人が死亡しているのである。やはり無視できない数字である。市町村数は約 1,700 であるから、交通事故で、1 市町村当たり、毎年 2 人が死亡していることになる。ケガの人も含めれば、毎年、毎年、身近なところで死傷者が多数発生しているのである。

　特に、最近、幼い子が横断歩道上で交通事故に遭い、尊い命が失われている事故が多く発生している。将来ある小さな子供は、それこそ無限の可能性がある。夢多き子供たちが巻き込まれる可能性の高い交通事故による死亡は、ゼロに近づけなければならない。

　この交通事故のリスクは、減少可能なリスクである。人が制御可能なリスクである。運転者自身が安全運転を励行することで、かなり事故を減らすことができる。また、他の交通機関を利用することや、自動車の運転を控えることでリスクを大きく減らすことも十分可能である。つまり運転手側の積極的な努力

により能動的に制御できるリスクである。

　それだけでなく、道路システムの改善でリスクを減らすことができる。歩行者と自動車とが極力遭遇しない道路システムにすることである。もともと日本の街中の道の多くは歩道であったが、そこに車が割り込んできたので人と自動車の接触の機会が多い。したがって、歩道と車道を分離するとか、車が入り込まないようになどして、人と車が極力遭遇しないような道路システムを改善することが重要である。加えて、自動車そのものも、ＡＩ（人工知能）技術等を駆使し、危険物認識や自動ブレーキなどの危険回避装置の装着により、完全な安全走行自動車を開発することが必要である。このように、公共投資と科学技術を駆使して、運転者、道路、自動車と三者がそれぞれに努力すれば、交通事故死をゼロにできることが可能である。交通事故をなくし、将来の安全・安心で快適な社会が実現されることが強く望まれる。

　自動車は、所有コストに比べて利便性が相当高いため、社会が受け入れて自動車社会となった。これに関連し、経済学者の宇沢弘文氏は、自動車の社会的費用を論じている（「自動車の社会的費用」）。自動車の社会的費用としては、自動車交通にともなって発生する環境破壊によるものとともに、自動車の事故によっておこる生命・健康の損傷も社会的費用であるとしている。社会的費用の具体的な捉え方は難しいが、本来、自動車サイドが負担すべき費用を社会が負担していると理解される。したがって、社会的費用を解消するためにも、道路サイドの社会投資と、自動車サイドの安全運転努力、完全な安全走行自動車の開発促進が不可欠であると考えられる。

　以上、社会において、リスクが大きく受け止められるものは、生活に関連した身近なもので、命や健康に影響を与えるものである。食品関係が代表であるが、乗物関係（自動車、電車、飛行機等）、建築関係（住居、建造物等）、も挙げられる。これらの分野については、リスクを極力小さくし、事故が発生しないようにすることが極めて重要である。

リスクの種類に応じたリスク探索

　前述したように、リスクには種々のものがあり、リスクは職場の中、職場を取り巻く環境に存在し、絶えず生まれている。リスクに気づかずに、事故等が発生するようなことがあってはならない。事故等の発生は、社会に対して悪影響を与えるとともに、職場においても人力的負担や経済的な損失を生じる。物理的な事故の場合、現場の従事者が身体的被害を受けることもある。

　そのため、最初に最も重要なことは、リスクを探して認識することである。このことが、リスク管理の最初の出発となる。リスクを把握していなければ、それに対する対策もないことである。リスクの探索と言っても難しいことではなく、業務に関係する中で、「これは危ない」「これは大丈夫かな」「これは問題になりそうだ」というものをリストアップして、共有することである。

　リスクの探索は、リスクの種類によって、次のように方法が異なる。ここでは、リスクの種類を「目立たないリスク」「日常的に発生するリスク」「危険性の高い深刻なリスク」「大規模で地域的なリスク」に分けて説明する。なお、これらのリスクは固定的なものではなく、他のリスクに影響、あるいは発展するもので流動的に変化するものである。

①目立たないリスク

　目立たないリスクとは、発生が少なく、影響も小さいと思われるリスクである。このようなリスクでも決して無視するのではなく探索を続けることが重要である。機械的なリスクの例では、1 本のネジが緩んでいるような一見小さいと思われるリスクである。当面は、機械装置の不具合は発生しないが、1 本のネジの緩みは機械全体の故障に必ず繋がるので、見逃してはいけない。また、健康と関係ないと思われる小さなゴミ、異物の混入可能性も、無視しないことが重要である。現在、異物の混入は大きな問題となっており、食品関係者にとって、細心の注意を払うことが必要となっている。

　リーガル的（法、ルール関係）なリスクで目立たない例では、ささいと思われる小さなごまかしや、以前から漫然とやっていたルール違反などである。このような目立たないリスクを放置すると、リスクが拡大・深化し大規模で深刻

なリスクになる危険性が高くなることが多い。不正は、小さな段階で解消するのは容易であるが、大きくなっては手が付けられないものとなる。放っておくことは避けるべきである。

②日常的に発生するリスク

　日常的に発生するリスクは、日常の業務の中で検索が可能である。職場内の汚れや不衛生な状態は、それだけでリスクである。また、度々、製造工程の装置で不具合が発生するような場合もリスクである。製品の成型不具合、汚れの発生、異物の混入等が生じたら原因を速やかに解明し改善することが重要である。事故等の発生にならないように、日常的な、衛生管理、作業点検などについては手を抜かずにキチンと継続しなければならない。兆候が出た段階では、直ちに原因を究明しリスクの解消対策をとることが大事である。また、最終段階である包装工程においてのリスクも十分に注意することが必要である。包装パッキングのわずかな不具合で、流通中に、食品の劣化、腐敗が進むことが多い。最後までリスクを探索することが必要である。

③危険性の高い深刻なリスク

　危険性の高い深刻なリスクとは、健康に直接影響するリスクである。化学的な有害物質の混入、食中毒菌の感染は、健康と人命にかかわるので、危険性の高い深刻なリスクとして認識しなければならない。また、法令等の違反行為も危険性の高いリスクである。正規でない原材料の使用、表示の無断変更、無許可の生産工程の実施、データの無断変更、品質検査等の手続きの変更・省略などは、危険性の高いリスクとして認識しなければならない。

　このような危険性の高いリスクの検索は、現場と組織（担当部署）が定期的または必要に応じて随時積極的に探索しなければならない。危険性の高いリスクは、見つけにくい、あるいは隠れている場合もあることが多いからである。事故、事件が起きれば、被害者が多数発生し、また社会的に大きな問題となる。組織としても打撃が大きく、体制的な改善・変更を迫られることも多い。したがって、危険性の高いリスクは、組織全体で、平時においても随時、能動的に

探索しなければならない。こちらから能動的に探索しないと逃してしまう。事故等が発生してから初めてリスクに気が付いたのではダメージが大きくなる。

④大規模な地域的なリスク

　大規模で地域的なリスクとは、個々の企業、組織の範囲を超えた地域的レベルの環境汚染や自然災害などに伴うものである。過去に公害と呼ばれたような広域汚染レベルのリスクである。また、地震、豪雨などの大きな自然災害による長期間の停電、道路寸断などに起因するリスクである。これらのリスクは、他のリスクに比べて、与える被害の大きさは格段に大きくなる。また、鳥インフルエンザ、口蹄疫、ＣＳＦ（豚コレラ）などの重大な家畜伝染病についても、広域的な蔓延の危険性が高くなる。重大な家畜伝染病は、法令により自治体、関係機関や地域の取り組みの基本が決められている。

　このような大規模で地域的なリスクは、個々の企業・組織の対応だけでなく、地域、自治体との連携・対応が不可欠である。現在、大規模で地域的なリスクは、どこでも存在するようになっている。このようなリスクは外部で発生することが多いため、個々の探索では困難な面がある。したがって、関係自治体等から発せられる情報と指示を速やかに把握して対応できる体制を整備しておくことが不可欠である。

　過去の環境汚染、自然災害等の経験、教訓を十分に活かして備えを十分にしておくことが必要である。近年、経験したことのない大規模で地域的なリスクが多く発生している。常に情報収集し警戒感を継続的に保持しなければならない。

　以上であるが、最後に重要なことは、絶え間なく発生するリスクについては、どんなリスクについても見逃すことなく、現場も組織全体としても、絶えず探索し、共有するという取り組みの姿勢が不可欠である。そのため、形式な体制でなく、常態的にリスク探索の活動が動く取り組みの仕組みが不可欠である。リスクの探索とリスクの共通認識があることで、次のステップであるリスクの軽減・解消（リスク管理）が適切に実行されることになる。

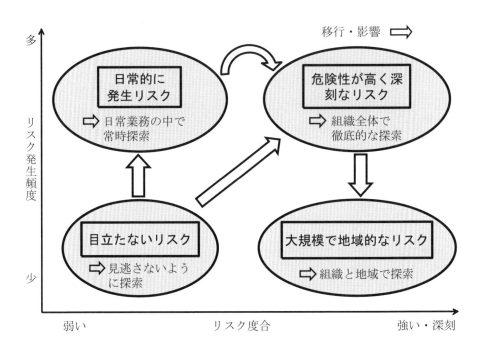

図6-1　リスクの種類とリスク探索

第7章　リスクから事故等の発生

―事故等の発生は、直撃タイプと将棋倒しタイプ―

事故等発生の2つのタイプ

　探索し認識されたリスクについても、そのリスクの解消や軽減措置が不十分であれば、事故・偽装・不正が発生し、大変な事態となる。また、探索もせず認識されないリスクは放置され温存されることになり、不意に思わぬ事故等が発生し、事態は一層大変なこととなる。

　一般に「原因のない事故はない」と言われるが、事故には必ず原因、すなわちリスク（危険可能性の要因）がある。また、「前兆のない事故はない」とも言われ、小さな前触れや動きがあり、その後に本格的な事故が起こる場合が多い。火事で例えれば、最初に燃える原因が必ずある。スイッチを入れたままの加熱器具の放置が原因となり、発火し、火が小さく出て、それが燃え広がり、建物が全焼するケースが多い。また、最初に1件の建物の火災が、周辺の建物に次々と燃え移り大規模な火災に発展するケースも多い。さらには、民家の延焼だけでなく、近くの石油タンクに燃え移り、大爆発事故に発展するケースもある。これは、火災事故が、爆発事故を誘発した大規模で深刻な事故となったケースである。いずれのケースも、最初に、火災を誘発する加熱器具の放置というリスクを放置したばかりに大事故となった。

　このように最初のリスクが存在して事故が発生することは同じであるが、1つの事故で終わる場合と、最初の事故が次々に事故を誘発し、大きな事故や別な事故に発展していく場合がある。ここでは、前者を「直撃タイプ」、後者を「将棋倒しタイプ」と呼ぶことにする。この2つのタイプについて事例等をまじえて具体的に説明する。

直撃タイプはストレートに事故発生

　リスク要因が、ほぼストレートに事故等につながるタイプである。このタイプは比較的単純なメカニズムで事故等が発生する。典型的な例は、食品の異物混入の例である。実際には、例えば、食品に金属混入の可能性のリスクがある場合は、金属探知機の設置などで混入防止措置を採っていることが多い。このような措置がない場合、あるいは措置が不十分であった場合、異物がストレートに食品に混入する。また、想定していない異物 (プラスチック類) の場合、ノーマークなのでストレートに食品に混入することになる。

　したがって、このストレートタイプのリスクについては、その解消、軽減、回避の対策は比較的に明確なものとなることが多い。しかしながら、異物の混入事故は、近年、消費者にとって大きな問題となっており、その影響の度合いは決して小さくないものとなっている。

　この直撃タイプの事例としては、有害物質が食品製品に混入し食中毒事件となった事例がある。1955 年のヒ素ミルク中毒の発生事例は、原材料に含まれた有毒物質のヒ素が、製造工程で発見されなくて除去されず、そのままミルク製品に混入した。また、1968 年の食用米ぬか油の油症事例は、加熱材として使用されたＰＣＢが食用米ぬか油製品に混入されたものである。残念ながら、これらの有害物質の混入は、多くの人の健康被害が出るまで、原因の把握ができなかった。これらの事例では、有害物質が除かれず、ストレートに最終製品に含まれて、大きな健康被害を出した結果となった。有害物質の混入は、原材料の中の混入だけでなく、製造工程中における混入、さらに流通中における混入など、あらゆる場面の混入リスクについて十分に認識し、必要なリスク管理措置を採る必要がある。

　近年、多くの種類の異物の混入が問題となっている。ガラス片、金属片、プラスチック片、昆虫部位、毛髪などの異物の混入である。これらの大部分の異物は、外部から持ち込まれたものだけでなく、製造工場内の設備・機器の破損、衛生管理の不徹底などで発生したものも多いと見込まれる。これらの異物は小さくて発見が困難なものが多いことから、製造工程 (製造ライン) に混入されて、

そのまま検出されずにストレートに製品の中に混入したケースが多いと思われる。また、学校給食では、金属片、釣り針などの大変危険な異物が混入されていた事例もある。これらに混入経路は、食材そのものに含まれていた場合と、調理室内での場合が考えられる。

　以上のような異物混入の事例から、原材料、機械施設の部品、使用容器・器具類、照明器具、床、壁面、生息昆虫、従業員などあらゆるところからから異物混入のリスクがあることが分かる。特に、製造ラインの近傍にあるプラスチック部品やゴム部品の破損、天井のガラス照明器具の破損などが、異物混入のリスクとなった事例も多い。作業環境にある周辺も全てのものが異物混入のストレートなリスクになると認識する必要がある。

　直撃タイプの別の例としては、有害微生物の汚染リスクによる食中毒の発生がある。有害微生物が消毒、排除されずに、ストレートに食品に混入して食中毒の発生となるものである。これは、食品事故において、典型的かつ重大なリスクである。人間の食中毒の原因となる病原菌では、一般的なサルモネラ菌、腸炎ビブリオ菌などがよく知られているが、特に注意しなければならないのは毒素を産出するブドウ球菌、ボツリヌス菌である。また、病原性大腸菌 O157 は、1996 年に初めて集団食中毒を発生させたが、その後も全国的に散発し、死者も出している。今や O157 やその他の病原性大腸菌は全国に蔓延しており、病状は深刻で命にかかわるものであることから、食中毒菌の中では最も大きくて深刻なリスクがある。また、近年、ノロウィルスのリスクについても注意が必要で、給食のパンに付着して集団食中毒を発生したことがある。不断に注意することが必要である。

　有害微生物は、有害化学物質や異物と異なり、目に見えないリスクである。また、有害食中毒菌は、食材や食品の中に入ると急激に増殖し危険が増強されるリスクであることから、万全の注意を払うことが必要である。有害食中毒菌が侵入しないように、食品製造の現場においては、最も基本的なリスク管理である消毒、殺菌、衛生管理などの地道な徹底が不可欠である。

このような直撃タイプにおいて、有害物質、異物、有害微生物等の混入のリスクを放置すると、事例でも分かるように製造工程などにおいてストレートに製品に入り込む。そして、そのまま出荷流通することになる。解消するためのリスク管理は、各段階にチェック検出措置を設定することが必要となる。各段階を時系列的には、次のようである。

> **原材料納入段階**：原材料の品質管理の徹底、有害物・異物摘出の徹底
> **製造過程の段階**：衛生管理徹底、消毒・殺菌の徹底、異物検出の徹底
> **製品の段階**：製品品質検査の徹底
> **流通段階**：品質劣化、包装破損の防止徹底

このように、大別して４段階あるが、異物の種類によって適格なチェック措置を行う必要がある。例えば、金属の異物混入のリスクがある場合には、製造工程の途中に金属探知機を設定することが多い。また、有害微生物の混入のリスクがある場合には、消毒過程や熱殺菌過程を設定している。しかしながら、異物種類は多様であり、想定されない異物が想定されない段階で混入する危険が常にある。金属探知機では、プラスチックやガラスを検出できない。これらのチェック検査措置をすり抜けてしまう可能性が十分にある。有害微生物は、殺菌措置の後で混入することもある。また、最終製品の品質・微生物検査ではサンプルを採って検査分析することも多い。この場合は、いわゆるサンプリングをすり抜けるリスクは必ずある。不幸にして、すり抜けた製品に不具合があれば、大きな問題となる。

このように、不具合のある製品を完全にチェック点検することは困難なことが多い。１つのチェック検査だけではなく、複数のチェック検査を設定することも検討される。したがって、現状の措置に満足せず、常に、新たなリスクの可能性を検討するとともに、チェック点検措置が有効に機能しているか確認することが必要である。最終製品をチェック検査することが不可欠であるが、その前に、異物が発生しないように、発生しても食品に混入しないような措置をとることを徹底することがより重要である。製品の最終検査に頼るのではなく、

不良品を出さないように、異物等の混入リスクをなくすることが優先される。

　また、食品の製造段階で、不具合のある製品が多く発生することは、経費を回収できなくなり経済的な負担が大きくなることは当然であるが、食品廃棄物の処理経費も増大する。その中に、まだ食べられる製品があれば、いわゆる「食品ロス」の問題の発生となる。

将棋倒しタイプはリスク拡大型と変質型

　将棋倒しタイプは、小さなリスクが次のリスクを誘導して拡大するタイプである。例えば、1 つのリスクが解消されないことにより事故等が発生され、その事故等が原因となり別のリスクを誘発するものである。このようにして、リスクと事故が連続して発生していくものである。この場合、同じようなリスクが次々に連鎖して、事故が量的に地域的に広がっていくことが多い。また、別の場合は、最初のリスクが、より規模が大きなもの成長していく、あるいは変質してより悪質なリスクを誘発し発展して、リスクが巨大化、異質化、複雑化するものもある。

　いずれも、例えれば、将棋の駒での将棋倒しのような現象である。最初に、歩駒が倒れ、次に桂馬駒が倒れ、最後には王将駒が倒れるものである。徐々に倒れる駒が大物となる。このことから、同じ牌が倒れる「ドミノ倒し」というよりは、「将棋倒し」と呼んだ方がふさわしいので、「将棋倒しタイプ」と称することとした。この将棋倒しタイプは、前述したようにリスクが量的に拡大する「拡大型」と、質的に異なってくる「変質型」の 2 つがあると考えられる。また、その両方が合わさる複合型の場合がある。社会的に大きな問題となる事故・偽装・不正は、この将棋倒しタイプの場合が多い。

　将棋倒しタイプのうち、拡大型としては、食品の偽装の事例がある。具体的には、産地の偽装、原材料の偽装、消費期限の偽装、料理食材などの偽装である。このように食品の偽装が多くの種類で発生してきている。偽装は、最初の段階においては、少数の商品で試行的に実施することが多い。その後、徐々に偽装食品の種類や量を増やしていくケースが多い。さらには、同類業者にも偽

装が波及拡大していくこともある。このように、食品の偽装は、最初の段階で発覚しないと、偽装品の数が増加していくことが多い。食品の偽装は、長く続くことはなくいずれ発覚することになり、消費者を欺（あざ）むいて経済的不利益を与えることになるのであるから、その食品と関係業界の対する消費者の信頼性を著しく失うこととなる。結局のところ、その業界全体のイメージダウンとなり大きな損失につながる行為である。近年、食品の偽装については、特に法的に厳しい措置や罰則が設けられている。以前と比べて、食品偽装の実行リスクは大変大きなものとなっている。罰せられる前に、偽装行為はしないという倫理的行動が強く求められる。

　さらに、将棋倒しタイプの拡大型の例としては、家畜伝染病の例がある。2010年に宮崎県で発生した口蹄疫の発生事例も拡大型の例である。口蹄疫のような家畜伝染病は、ともかくも最初に発生した家畜飼養場で抑え込むことが極めて重要なことである。しかしながら、宮崎県の口蹄疫の発生事例は、最初に牛飼養場で発生した口蹄疫が、近傍の家畜飼養場に次から次にどんどん伝染し大規模な感染拡大の事例となった。最初の口蹄疫発生が、近傍の飼養場の感染リスクとなり、そのリスクが解消されず、連鎖的に次々と広がったものである。なお、途中の段階で、感染力の強い豚にも感染し、これがさらに大きい感染リスクとなり、感染拡大の一因となった。感染が多くの飼養場に拡大したことから、移動制限区域や搬出制限地域が設けられ、道路が遮断されたため、地域経済へも悪影響を及ぼした。このように、最初の飼養場の感染が、周辺の飼養場に感染し、さらに次々に感染リスクを生じさせ、飼養場の感染が著しく拡大した。このように、将棋倒しタイプは、リスクの拡大のスピードが速く、瞬く間に拡大するという特徴がある。

　2018年に岐阜県に発生したＣＳＦ（豚熱）も、周辺の県に感染拡大した。2020年9月時点で、感染発生は9県となり、なお終息していない。この間、野生イノシシに感染していることが判明した。この野生イノシシは山野を動き回ることから、養豚への感染リスクがさらに大きなものになっている。最初に発生した岐阜県内で感染を抑えることができなかったこと、野生イノシシの感染を許

したことなどで感染が拡大している。

　これらの家畜伝染病は、将棋倒しタイプの拡大型であることから、初期の段階における感染の早期発見と、早期対応が大変重要である。過去の事例でも、早期発見、早期対応で、感染拡大を防いだ事例もある。そもそも家畜伝染病は、主に、海外から伝播するものが多い。現在は、国際化で海外との物流と人的交流が活発化されている。また、高病原性鳥インフルエンザは、渡り鳥、野鳥が運んでくる。これらのことから、海外からの侵入を防ぐことは極めて困難なものである。したがって、最初に国内で感染したときが勝負で、早期発見し、迅速な対応が決め手である。特に、ウイルスによる伝染病による将棋倒しタイプの拡大型は、手をこまねいていると、パタパタと瞬く間に拡大することをよく認識しておかなければならない。

　次に、将棋倒しタイプの変質型の事例としては、2000 年に発生した乳製品集団食中毒の事例がある。最初のきっかけは製造工場の受電部故障による停電であった。その停電により原料の冷却設備がストップし、食中毒菌が増殖した。さらに、この食中毒菌により毒素が生成され、これが乳製品に混入し、集団食中毒事故となったのである。端緒となったのは、停電の発生である。停電により、生産工程において、食中毒菌の増殖リスク、食中毒菌の毒素の産生リスクの発生となった。普通に発生する停電が、最終的に集団食中毒の発生となった。このように、リスクの連鎖により、リスクがさらに悪質化して大きな食中毒事故となった。最初の停電の発生を防ぐか、早期に通電していれば、大規模な集団食中毒は防げたものと考えられる。停電しないように電源装置の整備をしておくとか、停電しても自家発電機を装備しておけば、食中毒事故は防げたものと考えられる。つまり停電リスクの認識が十分でなかったことになる。近年自然災害、地震等の多発により、停電リスクは大変に高まっていることから、非常時の電源確保対策は大変重要になっている。

　このように、将棋倒しタイプの変質型は、大したことのないと思われるリスクが、悪質化、重大化なリスクに発展するところ特徴がある。したがって、このタイプのリスクは、初期段階のリスクを甘く見て放置することのないように

することが、大事故に発展させないこととなる。

　2011 年に発生した福島第一原子力発電所の事故も、リスク変質型で起きた事故の事例である。東北地方太平洋沖大地震により津波が発生した。その津波が襲来し、全電源が喪失した。このため、原子炉は炉心溶融（メルトダウン）状態となった。これにより発生した水素が充満し、1 号機と 3 号機の建屋が爆発崩壊した。さらに、運転停止中の 4 号機の建屋が爆発した。これは、隣の 3 号機で発生した水素が逆流したことにより誘発されたものとされている。ベント（炉心内の水蒸気等の放出）が実施された。これらにより、大量の放射性物質が大気中に放出され、広範囲の環境が放射性物資に汚染された。このように、最初の津波の襲来が、次々と新たなリスクを誘発して、最終的に広い地域の放射性物質による環境汚染となった。途中の、電源喪失のリスク、メルトダウンのリスク、建屋の水素爆発のリスクなどのリスクに対する備えや対応が有効に働いていれば、事故の展開は相当に異なっていた可能性があると考えられる。この事例は、最初のリスクが、次々に深刻なリスクを拡大誘発して行った事例である。また、この事例は、リスクの拡大が大変に短期間に急速に進展したところに特徴がある。

　2015 年に発覚した血液製剤等の不正製造・偽装の事例は、リスクの拡大型と変質型の複合型である。実際の製剤の製造方法が、国が承認した方法と異なり、不正な製法であった。この不正製法は、ほとんどの製品によって行われていた。最初に一部の製品に試行的に実施した不正製法が、長い間に、多くの製品に拡大していたという事例である。加えて、国の検査を受ける際に製造記録等を偽装していたことも発覚した。これは、この製造方法の不正の拡大が発覚しないように、検査書類の偽装という新たな不正を誘発したことになる。最初の一部の製造不正が解消されることなく、不正リスクとして拡大し、他の多くの製品の製造不正となった。さらに、この全製品の製造不正が原因となり、それを隠ぺいするために新たな悪質な不正リスクの発生となり、検査書類の偽装不正の実行となった。初期の不正の段階に適切な処理をして不正を解消しておくこと

が大変に重要であった。

　このように、将棋倒しタイプは、最初のリスクを放置するとリスクが拡大する。また、別の悪質なリスクを誘発することがあり、拡大型と変質型が複合することがある。将棋倒しタイプの事故等の拡大を防止するには、途中の駒を取り去ること、つまり途中のリスクを解消すれば、事故等をそこでストップさせることができる。先回りしたリスク管理が大変に重要である。しかしながら、事故の拡大スピードが速い場合や、対応が迅速でない場合は、事故等の拡大を許してしまうことになるので、リスクの展開を予測した万全な対応が不可欠である。

初期リスクの解消が重要

　以上のように、特に、将棋倒しタイプのリスクは、大規模で深刻な事故、偽装、不正の発生につながることが多い。些細なリスクであると思われていたリスクを放置することは、大きな危険性を抱えることになる。ともかく、最初のリスクを解消することが肝要である。最初のリスクを解消しないと、大規模で深刻な事故、偽装、不正の防止につながる。日頃の「火の用心」が最も大事である。日頃から、危険なリスクはないようにしておくことである。事前の策として、「火事はボヤのうちに消せ」ということも大事である。大火になっては、消火が困難となり手遅れである。当事者も周辺も悲惨なことになる。リスクの心掛けもこれと同じことで、最初のリスクにより事故等が発生したら拡大しないようにそこで止めることである。「危ない芽は早く摘み取る」ということが、リスク管理の要諦である。

　このように、大事なことは、先の事例でも分かるように、リスクが大きくなると、その解消が大変困難になることである。偽装が少数の商品で行われている場合は、正すことは比較的簡単である。しかしながら、偽装が全製品、組織全体に蔓延するとそれば常態化して、正すことが非常に難しくなる。これは、ある意味で「集団思考」の状態となることである。この集団思考は、とくに連帯性の強い集団において強く表れるとされている。集団思考に陥ると、自分は正しい、他者からの指摘は受け付けない状態になるとされている。最近でも、

大きな組織で、長年にわたり組織的な不正が行われていることが発覚している。発覚が遅れたのは、「組織風土」があったと言われている。このように、不正が組織的に広がると、その是正は大変困難であることを示している。リスクは小さいときに解消するに限る。大きくなると手がつけられなくなることである。

　リスクの話に戻ると、リスクの将棋倒しタイプの説明で、リスクがリスクを生み、それが連続していくとした。もう少し具体的に説明すると、最初のリスクが放置されて事故等が発生し、それが次のリスクを誘発して、また、放置されると事故等が発生し、さらに次のリスクを誘発して、これが続いていくものである。これは、原因となるリスク（危険可能性）があることで事故等が発生し、それが新たなリスクとなるからである。この場合、次のリスクは、前のリスクより規模的に大きくなる場合と、質的に深刻なリスクとなる場合がある。分かりやすく単純化して図示すると以下のようになる。

リスク規模拡大型のパターン

　　Ａ１リスク（小規模）⇒　小事故発生→　Ａ２リスク発生（周辺リスク）

　⇒周辺事故発生　→Ａ３リスク発生（周辺拡大リスク）⇒大規模事故発生

リスク変質型のパターン

　　Ａリスク（当初リスク）⇒　当初事故発生→　Ｂリスク発生（異質リスク）

　⇒　Ｂ事故発生（異質な事故）→　Ｃリスク発生（深刻なリスク）

　⇒　Ｃ事故発生（深刻な事故）

　このパターンのように、いずれも、最初の小さなＡリスクを解消さえすれば、大規模な、また深刻な事故等の発生は防げることになる。最初のリスクの解消は容易である。火事に例えれば、発火可能な危険物を除去、ないしは隔離することである。次にリスクが解消されなければ小さな事故が発生する。火事で例えれば、ボヤの段階である。この段階でもボヤを消化することは比較的容易である。ここで消火できなければ、火災の延焼拡大、あるいは爆発の危険な建造

物への延焼は避けられなくなる。この段階になると火災事故の鎮静化に多くの労力と経費を使わなければならない状態になる。火災で例えたが、事故、偽装、不正の場合でも、リスクの小さな段階でリスクを解消することが極めて大事である。

　以上のように、種々のリスクを放置すると事故、偽装、不正の発生となるが、大変重要なことはその発生のパターンを十分認識することである。このリスクを放置すると、具体的にどのようなことになるか予測することが大事である。リスクから事故等の発生には、直撃タイプと将棋倒しタイプがあるが、いずれも、初期の段階のリスクを解消することが極めて重要であることに変わりないことである。現場で、危ないことは早く解消するということが何よりも重要である。この「危ないこと」は、物理的なこととともに、規則ルール上のことの両方にわたるものである。

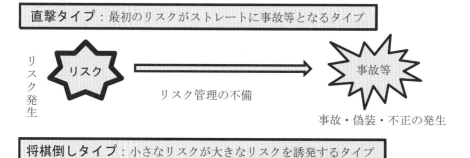

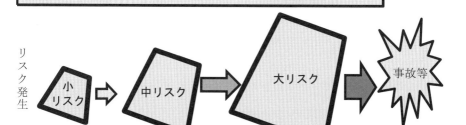

図7-1　リスクと事故等の発生のタイプ

第8章　リスク関係の総合的体系
―リスクの探索、評価、管理、コミュニケーション―

リスク関係の総合的体系

　前章までリスク（危険可能性）の種類やタイプを述べた。次に、具体的にリスクを軽減・解消し、事故、不正等の発生を防止するためには一連として具体的にどのようなことをするべきであるかが大事なことである。このための一連の体系を示すものがリスク体系である。リスク体系で、重要なものとして、一般に「リスク評価」「リスク管理」「リスクコミュニケーション管理」がある。なお、この３つを「リスク分析」ということがある。関連して、「危機管理」もよく使われている用語である。また、前述したように、現場における最初の取り組みとして最も重要なものとして、「リスク探索」がある。以上のことを加えて、「リスク関係の総合的体系」ということとする。これらの概念は、次のとおりである。

① **リスク探索** (Risk Investigation)

　　リスクを積極的かつ継続的に探し調査し、その所在場所、内容、原因を把握し、認識を共有すること。内在、外在リスクなど幅広いリスクを探索することが必要である。リスク探索はリスク体系実行の出発である。

② **リスク評価** (Risk Assessment)

　　リスクの大きさ、発生予測確率、悪影響の度合、採られている措置などを科学的、客観的かつ公平に評価し、必要な指示、通知、情報発信をすること。リスク評価は、リスク管理を効果的に実施するために重要である。

③ **リスク管理**（Risk Management）

リスク評価の結果を踏まえて、事故等の発生を未然に防ぐため、技術的な可能性、費用負担、費用対効果などを検討し、適切な対策・措置を実施すること。リスク管理は、具体的なリスク体系実施の要である。

④ **リスクコミュニケーション**（Risk Communication）

関係者、消費者、関係地域、社会などに対して、広く情報及び意見を相互に交換すること。事故等の発生状況、関連する情報などの提供を含め、速やかで幅広いコミニケーションが必要である。リスクコミニュケーションはリスク体系の実施を円滑に行うために重要なものとなっている。

⑤ **リスク分析**（Risk Analysis）

リスクの発生防止、低減、制御等の全過程をいう。リスク評価、リスク管理、リスクコミニュケーションの3要素から構成されている。

⑥ **危機管理**（Crisis Management）

リスクが回避されずに発生した重大な事故等の拡大を抑えるために対処すること。また、重大な事故等の発生が迫りつつある状況に対処することである。重大で深刻な事故の場合に言う場合が多い。迅速に機動的に対応するためには、適切な体制を整備することが重要である。

なお、リスク管理と危機管理とは、いずれも事故等を抑えるという目的は同じであることから、厳密に区別しないことも多い。実際には、大規模な事故等の場合は、リスク管理も危機管理も一体で進行することが多い。また、リスク分析は、リスク評価、リスク管理、リスクコミニュケーションの3つを合わせていうが、一般にはあまり使われることは少ないように思われる。

リスク関係体系については、組織全体の中で分担連携をとりながら、実行していくことが重要であるが、それぞれのリスク体系で、中心となる部署は以下の通りである。

「リスク探索」は、そのリスクの発生に身近な部署が担うことが多い。特に業務遂行の現場における役割が大きいと考えられる。また、リスクは、種類を

問わなければ、あらゆる業務に発生するものであるから、全員、全部門の任務でもある。リスクの探索により、幅広くリスクを把握することが大変重要である。リスクの探索がなければリスク対策が始まらない。したがって、組織全体として、常時、積極的に取り組む仕組みとその体制が必要である。

「リスク評価」は、原理的には、リスク発生に密接に関係している部署で行うのではなく、公正な評価ができる部署が行うのが原則であるとされている。これは、評価が甘くなることを防ぎ、客観的、公平に評価を行うためである。ただし、単純明快なリスクで対応が急ぐ場合は、現場レベルで判断することもある。いずれにしろ、リスク発生の事情と背景も十分に把握し、独断にならないようにすることが必要である。

「リスク管理」は、有効かつ効率的に実行するためにも、リスクの種類と性格に応じて、リスクの発生部署と管理部署、また組織全体で連携してスピーディに実行することが必要である。これは、リスク管理の実行には、経費と人員が必要なる場合が多いからである。

「リスクコミュニケーション」は、主に、外部の関係者の理解を得るために行うもので、組織として担当部署が行うことが多い。その場合でも、リスクの内容をよく知っている部署において、事故等が発生した部署と密接に連携を取りながら実施しなければならない。リスクコミュニケーションは安心感を与えるとともに、風評被害を発生させないためにも、大変重要なものとなっている。

「危機管理」は、組織の管理責任部署が責任をもって体制を整備して遂行すべきものである。効率的、効果的に遂行するためには、責任ある指揮管理の下に、直接の実行部署と関連支援部署が有機的に連携して実行しなければならない。明確な指示の下に、迅速に効果的に実施することが必要である。

以上のように、リスク体系の実行は、事故等が発生してからあわてて取り組むものではなく、日頃からリスク体系を念頭に体制を整備しておくことが重要である。事故等が発生しないようにすること、事故等が発生しても初期の段階で抑えること、また、消費者や社会に不信と不安を与えないようにすることが重要である。

ＢＳＥ（牛海綿状脳症）発生とリスク体系

　具体的に、生物系産業において、リスク関係体系について大きな教訓になったのが、2001 年の牛ＢＳＥ（牛海綿状脳症）の発生事例である。ＢＳＥの対応は、世界的に大きな問題となっていたことから、主に国レベルでの対応が中心であった。このＢＳＥ事例を契機として、生物系産業におけるリスク体系の重要性が強く認識されることとなった。

　ＢＳＥの発生は、1985 年に英国の獣医研究所が報告したのが最初と言われている。その後、病原体の混入した肉骨粉を含む飼料の摂取を通じて、英国でＢＳＥの発生頭数が急増し、総計約 18 万頭が発症している。また、英国の肉骨粉の一部は輸出され、ヨーロッパ諸国等においてもＢＳＥが発生した。

　なお、当初、ＢＳＥの病原体は不明であったが、飼料等の原材料として使用された肉骨粉等に混入した異常プリオンであるとされた。

※ＢＳＥ：Bovine Spongiform Encephalopathy　の略で牛海綿状脳症のこと。
　　　　　　牛の脳組織が海綿状（スポンジ状）の変化を起こす疾病である。「異常プリオン」タンパク質が原因とされている。

※「肉骨粉」：牛等の家畜の非食用の部分を加熱等加工し、乾燥・粉末にしたもの。
　　　　　　当時、家畜の飼料に混ぜて使用していた。

　英国政府は、1988 年から、反芻動物（牛、ヒツジ等）由来の肉骨粉を与えることを禁止する措置等をとったことから、牛のＢＳＥ発症は減少し世界での発生は、2012 年は 21 頭と激減した。　この頃、筆者は、英国の関係試験研究機関へ視察のために出張したが、関係の試験研究機関は、厳重な管理体制を敷いていた。町のレストランで牛肉を食べたが、赤味中心の牛肉であったこともあり、やはりあまり美味い感じがしなかった記憶がある。

　ＢＳＥ発症牛の発生が減少した頃、英国において、ＢＳＥと同様の症状である「変異型クロイツフェルト・ヤコブ病」が、人で発症したことが発表された。有効な治療法はなく、患者のほとんどは回復することがなかった。1996 年に英

国保健省が、変異型クロイツフェルト・ヤコブ病の発病の原因は、ＢＳＥに関係する牛の牛肉を摂取したことによることが否定できない、と発表した。ＢＳＥは家畜の病気であり人間に感染しないとされていたが、人間に感染する可能性があるとされて、世界的に衝撃を受け、不安が一気に高まった。

　わが国においても、牛ＢＳＥ感染のリスクが迫って来ていた。ＥＵが、英国産の牛肉、食肉製品、飼料等をＥＵへの輸入の禁止措置を決定した。日本も、ＢＳＥ感染のリスクを回避するため、英国産の牛肉、その加工品等について輸入自粛措置、英国からの生体牛、反すう動物由来の肉骨粉等の輸入禁止措置等などのリスク管理措置をとった。

　ところが、このような防止措置を採ったにも関わらず、2001 年 9 月に、日本の牧場で第 1 例目の牛のＢＳＥが発生した。このため、消費者の不安が大きく高まった。その後、牛のＢＳＥの発生は 36 例に達している。なお、これらの牛のＢＳＥ発症の感染ルートは明確となっていない。牛のＢＳＥ発生は、わが国の畜産業に大きな打撃を与えるとともに、食肉消費についても大きな影響を与えた。牛肉の消費が一気に低落し、大量の在庫を抱えることになった。

　このように 2001 年に発生した牛のＢＳＥ発生は、畜産業に打撃を与え、牛肉の消費にも大きな影響を与えたとともに、特に、国民の食の安全・安心に対する大きな不安を招いた。このような家畜疾病に対するリスク管理と危機管理の不備が、消費者の食の安全と安心に対する大きな問題に発展した。

　一連のＢＳＥの対応措置を調査検討するため、国に有識者による委員会が設置された。2002 年 4 月に「ＢＳＥに関する調査検討委員会報告」が出された。この報告書の要旨は次の通りである。

ＢＳＥに関する調査検討委員会報告（2002 年 4 月　抜粋要旨）

1　ＢＳＥ問題に関するＥＵの勧告（肉骨粉の使用禁止等）を率直に受け入れ国民に知らせるべきであったこと。

2　日本は生産者優先・消費者保護軽視の体質を色濃く残している。消費者優先に軸足を移すべきであること。

> 3 専門家の意見を反映すべきこと、健康に関するリスク評価が必要であること。
> 4 国民の間にある安心と安全の間の大きな落差を取り除くには、徹底した情報公開による透明性を確保すること。

　この1番目の指摘については、EUの勧告の報告書があらかじめ国民に知らされていたなら、当面の風評被害は起きても、BSE発生時に起きた大きな社会的不安と混乱は防げた可能性が高いと指摘している。2番目の指摘については、先進国の農業政策は、生産者優先の産業振興から次第に消費者優先に軸足を移し、国民の生命と健康の確保を最大の行政目標としているのに対して、日本はそうなっていないと指摘した。3番目は、専門家の意見を反映したリスク評価が必要であるとした。また、4番目の指摘は、リスクコミュニケーションとして徹底した情報公開が必要であるとされた。

　この報告書が指摘していることを要約すると、専門家によるリスク評価、それに基づくリスク管理が不可欠であるとした。また、国民への積極的な情報公開と透明性が必要であるとし、リスクコミュニケーションの必要性を強調している。根本は、国民、消費者を中心すべきであることである。

　BSE発生事例においては、海外からBSE侵入のリスクが高まったにもかかわらず、それを防止する対策措置が十分でなかったとされた。これは、事業を振興する組織が、リスクの評価とリスク対策措置をしている体制であったことに起因していると指摘した。このことが、消費者の安全と安心の視点がおろそかになったとされた。生産者を優先し、消費者軽視という体質があったと指摘した。アクセルを踏む人とブレーキを踏む人が同じであると、どうしてもアクセルの方に力が入り、ブレーキの方がおろそかになることである。

　つまり、当時、農業・食品関係の行政において、リスクの評価、管理、情報公開について、分担と体系的な仕組みが整備されていなかった、あるいは不完全であったことになる。

リスク体系と食品安全評価

　BSEに関する調査検討委員会報告などを受け、国はBSEを防止するため

の措置をとった。2002 年に、ＢＳＥの発生を予防し蔓延を防ぐため、「牛海綿状脳症対策特別措置法」を制定した。これは、ＢＳＥリスク管理の徹底措置を定めたもので、牛の肉骨粉を原料等とする飼料の使用の禁止、ＢＳＥ病原体である異常プリオンが蓄積する特定部位の除去焼却処理などが決められた。

　加えて、国や地方公共団体は、ＢＳＥに関する正しい知識の普及により、国民の理解を深めるとともに、対策措置の実施に当たっては広く国民の意見が十分反映させるようにしなければならないとした。これは、ＢＳＥに関する正確な情報が伝わらないことから、国民の不安を大きくし、風評被害も発生したという反省から指摘されたものである。つまり、リスクコミュニケーションの徹底を図らなければならないということである。

　また、2003 年に「牛の個体識別のための情報の管理及び伝達に関する特別措置法」を制定した。これは、国内の全ての牛に「個体識別番号」を付けて、牛の移動履歴等を記録し、追跡（トレース）できるようにした。この牛のトレーサビリティの仕組みにより、迅速で的確なリスク管理、危機管理が実施できることになる。また、農林水産省の組織についても、消費・安全局が新設され、消費者の安全保護を図るとともに、農畜産物の生産段階のリスク管理、リスクコミュニケーションなどを所掌することとした。

　特記すべきは、食の安全が大きく損なわれたことを受けて、2003 年に食品安全基本法が制定され、これに基づき「食品安全委員会」が設立されたことである。この法の目的は、「科学技術の発展、国際化の進展その他国民の食生活を取り巻く環境の変化に的確に対応することの緊急性にかんがみ、食品の安全性を確保する施策を総合的に推進すること」である。食生活の環境変化に、科学技術の発展と国際化の２つの進展を挙げている。

　とくに、「食品の安全性の確保」とは、科学的知見に基づき、食品を摂取することによる国民の健康への悪影響が未然に防止されるようにすること、と規定されている。健康に悪影響を及ぼす恐れのある生物的、化学的、物理的な要因が食品に含まれて、人に摂取されることにより及ぼす影響の評価を実施することとされた。つまり、食品の安全性確保のため、人の食品の健康影響評価をす

ること、とされた。

　この食品健康影響評価をするために、内閣府に「食品安全委員会」が設置された。これは、食品の安全評価を、事業振興、指導等を行う行政機関から切り離して、内閣府に設置された食品安全委員会が行うこととしたものである。つまり、食品安全委員会が、科学的知見に基づいて客観的かつ中立公正に、食品の安全性評価「食品健康影響評価」を行うこととなった。食品安全委員会は、専門家、学識経験者の委員で構成され、食品のリスク評価を担うこととなった。このようにリスク評価を行う組織が、リスク管理を行う組織からは明確に分離されることとなった。

　具体的には、食品関係のリスク管理組織（主に農林水産省、厚生労働省）が、食品安全委員会に評価の依頼を行う形で実施される。この評価の依頼を受けて、食品安全委員会がリスク評価を行う。この食品のリスク評価は、食品を摂取することによって有害な要因が健康に及ぼす悪影響について、科学的見地から、発生確率と程度を評価する。また、リスク管理の対策効果の評価等も行うものである。さらに、必要があれば、食品安全委員会は、関係機関に勧告や情報・意見交換等を行うことができることとなっている。この安全性評価の結果を受けて、リスク管理組織は、安全性に関する基準の設定等やリスク管理の対策、必要な措置を実施することになる。

　なお、食品安全委員会は、必要な場合には外部機関に対して資料の提供を求めることができる。また、重大な健康被害が生じる恐れのある緊急事態の時には、調査検査を要請することができる。このように、評価の実施が受け身的にならないような権能も有している。評価の実施組織は、評価対象の多様化や評価技術の進歩に対応し、内外のリスクについて常に情報収集し、リスクを見逃さず能動的に機能することも大変に重要な役割であると考える。

　以上のように、牛ＢＳＥ発生を契機として、食品関係については、リスク評価を行う機関として食品安全委員会、リスク管理を行う組織として農林水産省、厚生労働省等、また、リスクコミュニケーションは国の各関係機関等で実施する体系となった。国の食品安全対策について、リスク評価、リスク管理、リス

クコミュニケーションの体系が明確に整備されたことになる。この牛BSEの
リスク体系は国レベルのことである。しかしながら、このリスク体系は、一般
の企業、組織においても、あらゆるリスクについて、その評価、管理、コミニ
ケーションのあり方の基本として、十分に参考とすべきものであると考えられ
る。

　なお、付言すると、2011年に発生した福島第一原子力発電所事故を契機とし
て、新たな原子力安全規制組織として、「原子力規制委員会」が環境省の外局と
して、2012年に設置された。これは、国家行政組織法第3条に基づく、独立性
の高い行政委員会である。原子力における安全の確保を図るため、専門的知見
に基づき中立公正な立場で独立して機能するために設置されたものである。こ
れは、従来、経済産業省が担っていた原子力の利用推進と安全規制について、
その分離をはかり、原子力安全規制を独立一元化したものである。原子力規制
委員会は、国民の生命、健康、財産の保護、環境の保全、安全保障に資するた
め、原子力利用における安全の確保を図ることを任務とした。
　先に述べた「食品安全委員会」と、この「原子力安全委員会」は所掌分野と
組織の位置づけは異なるが、共に事業推進官庁から独立して、国民の安全確保
の役割を担うものである。食品安全委員会の設立は2003年、原子力安全委員会
の設立は2011年と、およそ10年が経過している。いずれも、大きな事故の発
生を契機として、既存組織の再編成等により、一層の安全確保のため、安全の
任務を担う新たな組織の分離設立となったことは共通している。

　よくよく考えると、従来、わが国は、欧米社会に比べると、評価に対する重
要性と活用性については認識が薄かったように思われる。評価といえば、小中
学校時代の成績表を思い出す。筆者の経験からすると、もらった時には緊張し
たが、その場限りであった。もう少し、成績表を前向きに活用すればよかった
と思うが。今の小中学校では、成績表をうまく活用していると思っている。だ
いぶ以前に、海外の組織に対して、業務についての業績評価の状況について調
査をしたことがある。組織が、定期的に職員の業務を評価し、それを確実に次

の給与等に反映される仕組みになっていること、また、管理者自身も同様に評価されることであった。当時、まだ日本においては、このような体系的で実効ある評価は広く実施されていなかったので、大変に驚いたことがある。要するに、海外では、どんなことでも評価を必ず加えて次に活用しなければ、進歩発展はないという考え方が基本にあった。当時、わが国とは、評価に対する取り組みの姿勢がまるで違っていた。

現在では、わが国でも、あらゆる分野で評価の重要性が認識され、積極的に活用されている。業務の分野では、P（計画）・D（実行）・C（評価）・A（改善）サイクルがよく取り上げられるようになっている。計画して実行するのは当然であるが、ポイントは次の評価である。評価は、計画と実行でどのような差が生じたのか客観的に分析して、甘くならないように評価することが重要である。次の改善につながる適正な評価をすることが大事である。適正な評価を加えて、P・D・C・Aを繰り返せば、上向きに発展していくことになる。

肝要なことは、「評価を適正に実施し、適切に役立てる」ことである。スポーツの世界では、弱点を克服し上達するために、常にデータなどで分析評価しながら強化トレーニングに取り組んでいるようにしている。適正な評価の重要性と役割について、業務においても、さらに十分に認識し、「評価し、改善し、発展する」ことを着実に実践することが重要である。

リスク管理と安全・安心

牛BSEが発生した当時、リスク評価とリスク管理に関連して、「安全と安心」ということが議論になった。安全と安心はどちらが大事かということまで議論となった。前述のように、牛BSEが、当初、家畜の病気であり人間には感染しないとされていたが、突如、人間に感染する可能性があると発表され、社会的な不安が拡大した。その当時、「安全は科学で、安心は感情」として、安全の方が優先されるという意見もあった。ただ安全は科学と言っても、科学的に絶対に安全ということは言えないことも指摘された。一方で、人の健康と命に関わるものは、やはり、人の実感としての安心が最終的に大事だという考えも強かった。

　この安全と安心の関係を、洪水を防ぐダムで例えるとする。ダムの高さは通常のレベルのリスクには耐えられるようにしている。通常の状態では、安全である。このことから通常では安心である。このように、通常は、「安全の上に安心」があるということである。しかしながら、大雨が続き流入水も増加しつつある状況となった場合、不安は大きくなり安心でなくなる。結局、とりまく環境状況の変化で、安全・安心のレベルも変化するものである。現実問題としても、リスクを完全に取り除いてゼロにすることは不可能であり、リスクの許容限界を設定する場合が多い。新たな知見により許容限界等も見直されることとなっている。

　当時の牛ＢＳＥの事例では、海外で人がＢＳＥに感染した事例が報告された。日本においても牛ＢＳＥの発生が見られ、まだ世界では牛ＢＳＥの発生が続いている状況にあった。このような状況の中では、リスク管理措置は万全であり日本人がＢＳＥに感染する確率はごく小さいと説明されても、国民は安全とは受けとめず、当然として安心とはならなかった。結局のところ、リスク管理対策をどの程度実施しているかということだけでなく、内外の取り巻くリスクがどの程度であるかによって安全と安心感が変化することになる。最近では、安全と安心は区別しないで、「安全・安心」とセットで使うことが多くなっている。

　安全に関連して、先にも出てきた「安全文化（safety culture）」という言葉についてもさらに触れておく。この「安全文化」は、IAEA（国際原子力委員会）が1986年のチェルノブイリ原子力発電所事故の際に指摘したものである。この「文化（カルチャー）」という言葉は、よく使われるが、日本語で農耕、教養などの意味があるように、習得した当然のものとしての日常の中に存在するものである。したがって、安全文化とは、一過性のものではなく、安全に対する認識が、習慣として身に染み付いている状態のことであると理解される。この安全文化という言葉は、前述のように2000年の技術士法の改正（公共の安全、環境の保全等の公益確保の責務等の条文追加）のときにも国会審議の中で使われた。

　安全文化が職場に定着していること、つまり当然のこととして安全に十分配慮することが風習となっている状態である。実務としては、安全のためのリス

ク管理が日常的に当然のこととして継続的に実施しているという「常態」にあるということでもある。

　なお、安全文化は「安全神話」と正反対の言葉であるとされている。2011 年の福島第一原子力発電所の事故の際にも、安全文化が欠如し、安全神話の蔓延があったと指摘された。安全神話とは、「絶対安全だ」と思い込むという「集団思考」の一種である。この後ろ向きで閉鎖的な集団思考は、内外からの批判には拒絶的な対応をとることが多いとされる。このような状態になると、継続的なリスク管理の取り組みがおろそかな状態になり、大規模で深刻なリスクを抱えることになる。リスクを解消・低減するためにも、安全文化に根ざしたリスク管理が重要である。

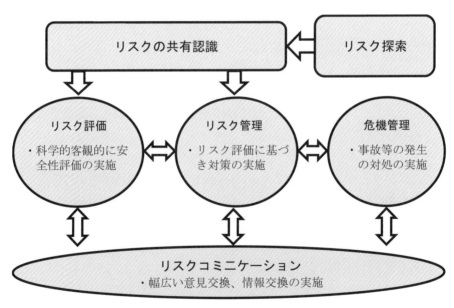

図 8-1　リスク関係の総合的体系

第9章　具体的なリスク体系の取り組み
―リスク探索とリスク管理が最重要―

リスク体系の認識が重要

　前章でリスク体系について述べたが、現場において最も重要なリスク探索とリスク管理についてもう少し具体的に説明する。リスク体系というと難しい感じを持たれる。しかしながら、現場で普通に行っている作業点検、機械設備点検、衛生管理などは、作業不具合の防止、汚染の防止等の意味でも、立派なリスク管理ということができる。とくに、食品製造工場で守るべき標語として掲げられている「整理、整頓、清掃」（いわゆる「3S」）も、食品製品への有害微生物、異物混入を防いでいる意味で、基本的で効果的なリスク管理である。

　リスク管理を効果的に実施するには、断片的な取組みではなく、リスクの体系を十分に認識して取り組むことが重要である。具体的なリスク体系を手順的には、今まで述べてきたように①リスク探索　②リスク評価　③リスク管理　④リスク管理の維持である。具体的に説明すると以下のとおりである。

---

①リスクを探し認識する「リスクの探索」と「検索リスクの認識共有化」

②リスクの重要性と対策を決める「リスク評価」と「リスク管理の着手」

③リスクを回避、解消又は軽減するための具体的な防止措置対策を実施する「リスク管理」と「リスク管理の効果確認」

④リスク管理対策を維持継続する「リスク管理の維持」。リスクが復活しないように、リスク管理の維持が大変大事である。

　また、ここでは触れていないが、「リスクコミュニケーション」も重要である。

これは、幅広い関係者に対する情報発信、意見交換のことである。誤解や風評被害を防ぎ、社会の混乱を発生させないためにも、最近、大変重要なものとなっている。迅速で正確なリスクコミュニケーションは、公的な機関だけが実施するものではなく、民間組織などあらゆる機関において重要である。リスクコミュニケーションは、事故等の発生時だけに行うものではなく、リスクに対する取り組み状況などについて適時に実施することが大事である。

　リスク管理がうまく機能しなくて大事故のつながった例として、米国のスペースシャトルの事故がある。この例は、人命を失った大事故であり、その後の徹底したリスク管理の実施につながった事例である。

　当時の科学の粋を結集した米国のスペースシャトルは、過去に大事故を2回起こしている。その1つは、1986年1月に起きたチャレンジャー号の爆発事故である。打ち上げまもなく激しく燃えて空中分解し、尊い7人の宇宙飛行士の命が犠牲となった。この直接の原因は、打ち上げ時に、異常な寒波が襲来し低温にさらされたことである。このため、ゴム製のリングが弾力性を失い燃料ガスが漏れ、大爆発を起こしたものである。事後に判明したことであるが、打ち上げ前に、ロケット製造会社の技術者が、低温下によるリングの機能劣化のリスクを指摘し、打ち上げ中止を訴えていたことが判明した。しかし、最終的に、取り上げられずロケットが発射されて、大惨事となった。

　この事例が示すように、1つは、通常は安全であるロケットでも、外部気象環境の変化によって大きなリスクが発生することである。2つは、技術者が、そのリスクを探索し指摘した。しかしながらリスクが組織で共有化されず、悲惨な大事故となった。この事故の教訓もあり、以後、ロケットの打ち上げは、打ち上げの直前まで徹底的に点検し、どんな小さなリスクでも探索し、あらゆる不具合、リスクを解消することとしている。

　どんな分野においても、業務を取り巻く環境は刻々と変化しており、リスクは新たに生まれている。したがって、常にリスクを探索し、リスク解消することが極めて重要である。事故等の防止は、ともかく、謙虚に先入観なしでリスクを探索することから始めなければならない。

リスクの探索が全ての出発

　リスク体系の中で、現場においては、リスク探索とリスク管理が最も重要である。種々のリスクは現場に常に発生している。前にも述べたように「リスクは常に発生しており、絶えずリスクを解消すること」という認識を持つことが必要である。

　特にリスク探索は、リスク関係の取り組みの出発である。あらゆるリスクが探し出されて、認識されなければ、何も始まらない。常にリスクを探し共有することは、関係現場の大きな責務である。年月も経過し、職場を取り巻く環境や業務状況も常に変化しており、新たなリスクが常に発生している。危なそうなこと、不具合、事故、不正となると思われること、つまりリスク（危険可能性）の要因をできる限り幅広に探し、調査することである。現場においては、現場内で発生するリスクは当然であり、外部からのリスクも含めて、あらゆるリスクについて、日常的に注視し、徹底的に探索することが大事である。

　この際、高い危険可能性のリスクだけでなく、低いと思われるリスクも含めて広く探索することが重要である。小さなリスク、見つけにくいリスク、隠れたリスクなども見逃さないことが大事である。前述の将棋倒し型リスクのように、小さなリスクが大きなリスクを誘発することが多い。徹底的なリスクの探索がなければ、リスクが無視され、見逃され、放置されることになり、そのリスクに起因する事故・不正の発生を防ぐことはできなくなる。

　絶対安全であるという「安全神話」や、間違いない、問題ないという「集団思考」に陥ってはいけない。特に、業務の変更や機器の経年劣化などにより、リスクが増え、新たなリスクも発生する。システムの不具合や異物混入などの物理的なリスクだけでなく、法令違反、基準違反、ルール違反、不正行為、表示違反など法令・ルールに関するリスクも含め幅広くリスク探索を実施することが重要である。この際、大事なことは、リスクの探索は、継続的に実施しなければならないことである。前述のように、リスクは常に新しく発生しているからである。今までにない新種のリスクも発生している。

　リスクの探索を行うのは、そのリスクの発生に関わっている者および部署が率先して行うことが原則である。したがって、現場で発生するリスクの探索は、現場の役割が大きいことは当然である。なお、リスクの種類は多様で、部署間でまたがるリスクも多いことから、部署の連携も必要である。ともかく、リスクの探索は、受け身でなく、前向きに幅広に積極的に行うことが肝要である。次に、探索したリスクをリストアップして整理することが重要である。この際、各リスクの背景、発生原因なども明らかにしておき、当該リスクの評価、管理に役に立てることが重要である。

　リスクを探索しリストアップしたら、リスクを共通認識することが不可欠である。探索したリスクは、どんなものでも放置しないで、職場で共有し、しかるべきリスク関係部門に報告し、組織として認識することが必要である。大したことでないとか、重要でないとか、暫く様子を見ようかとか、勝手に取り扱いや評価をしないことである。手に負えないからとか、自分の担当とあんまり関係ないとかで、放置することも避けなければならない。探索されたリスクを組織的に認識共有化しておくことの大切さは、そのリスクに関連した現場においては、リスクを放置せず、一定の責任（説明責務、倫理的責任）を果たしたという意味でも大変重要であることを強調しておく。

リスク評価は客観的に公正に

　次に、探索したリスクについて、客観的に公正に評価することが重要なことである。リスクの解消するために、そのリスクの重要度合、対応の緊急度合い、対策の必要経費等を冷静に判断評価することである。各種のリスクが探索され認識されても、そのリスクの適切な評価が加わらなければ、事故防止等に役に立たず、放置されることにもなる。リスクの評価は客観的に公平にと言われても現実的には難しい場合もある。このためにも、リスク評価は、直接関係する部署、担当者だけでなく、一歩離れた他者が行うのが原則である。少なくとも、他者の意見やアドバイスを得ることが必要である。他者が行うことの意義と重要性は、前章で食品安全委員会と原子力規制委員会の例でも述べたが、評価は、

業務実行サイドの都合だけで行うのではなく、客観的で公正な評価を行うことが不可欠なことである。

　繰り返しになるが、当事者が評価すれば、どうしても評価が甘くなり、場合によっては評価を避けることになるからである。ある程度大きな組織においては、技術的評価部門や、法務、倫理関係を扱うコンプライアンス部門などのリスクを評価できる部門を設置しているところある。リスク評価は、リスク発生の事業部門だけでなく、組織的な取り組みが重要であることは、公正で客観的なリスク評価のためであることだけでない。その後の、リスクの解消、つまりリスク管理がスムーズに行えることになるからである。関係部門が連携し情報共有をしておくことが重要である。事故・不正等が発生してから、初めて危険なこと（リスク）があったと痛感し、責任問題に発展するというのでは大きな手遅れである。

　リスクの評価は、探索し特定されて共通認識されたリスクについて、危険性の度合い、重要性、緊急性等を判断し、どのような対策をとるのが最適であるかも含めて評価することである。この際、リスクの種類、性格等に応じて適切に評価することが重要である。リスクの種類によっては、リスクの解消対策のために、現場等ですぐに適切に対応できるものもあるが、相当な経費と人力を要し、長期間にわたり、各種の作業工程の調整等が必要な場合も多い。したがって、リスクの評価は、組織的に関係部門の連携が必要となる。また、法令、規則等に関わるリスクであれば、管理部門、コンプライアンス部門等と連携して行うことが不可欠である。

　リスクの評価は、評価しっぱなしではなく、リスクの解消等につながらなければ意味がない。業務における「ＰＤＣＡサイクル」にあるように、評価であるＣは次のＡの改善実行につなげなければ意味をなさないものである。ＰＤＣＡをサイクルとして繰り返すことにより、期待すべき目標に確実に達成するようになるものである。評価と改善を繰り返すことで進歩がある。リスクにおいても、正確に現状を把握・認識し、適切な評価分析し、それに沿ったリスク管理を実施することが重要である。この繰り返しにより、現場において、種々の

108

リスクが解消され、一層の安全で快適な現場が実現するものである。

リスク管理の取り組み

　次に、リスク管理である。探索され評価されたリスクを、評価に沿って、実際に速やかに解消、減少、また回避の対策措置をすることである。リスク管理というと難しいことと捉えがちである。しかしながら、リスクによっては、現場で日常的に行っている清掃、衛生管理、修繕保守、原材料の点検、さらに規律・ルールの厳守などが重要なリスク管理となる。重大で深刻なリスクについては、現場だけでなく、組織的な取り組みとなる。定期的なリスク管理と組織的なリスク管理の実施が、事故、不正等の発生を防ぐため大きく貢献している。リスク管理は、安全で快適な職場環境を維持する上でも重要なものである。

　リスク管理は、リスク評価を受けて実施するものであるが、リスク管理を効率的かつ効果的に行うためには、個々のリスクの性質に対応じて適切なリスク管理を講じることが必要となる。リスクの種類は種々あり、リスク管理もそれぞれに応じた対策措置になるので一口には言えないが、ここでは、単純に、リスクの発生頻度と被害規模で分類し、それぞれにリスク管理タイプを考えると次のようである。

> ### ３つのタイプ
> 　　A型： 頻繁に発生し被害が小さいリスク
> 　　B型： たまに発生し被害が中くらいのリスク
> 　　C型： めったに発生しないが被害が大きいリスク
> ### 各タイプのリスク管理の取り組み
> 　　A型のリスク： 日常的に取り組むリスク管理
> 　　B型のリスク： 組織として取り組むべきリスク管理
> 　　C型のリスク： 地域的に取り組むべきリスク管理

　この場合、肝心なことは、リスクは、Aタイプ、Bタイプ、Cタイプというように明確に分かれているわけではないので、リスク管理の取り組みは、日常

的な取り組みと組織として取り組みを同時に並行して取り組むことも多いと考えられる。一般的には、Aタイプのような小さなリスクは、現場において日常的にリスク管理を取り組むこととなると思われる。日常的なリスクの管理を十分に行うことは、組織的に取り組むべきリスク管理対策も円滑に実施されることとなる。逆に、小さな事故等を頻繁に起こす事業所は、近々に大きな事故を起こすことが多くなる。リスク管理の一般的に考えられる具体的な例を若干あげる。実際にはそれぞれの事業所で特有のリスク管理の業務がある。

　A型の日常的なリスク管理は、そのリスクの評価に対応して、種々の作業点検、機械・装置の点検、作業ミスの防止策、安全対策などの徹底などである。機器のネジの緩み、部品のヒビ割れ等の修理・改善も重要である。また、食品製造工場内の小動物類の駆除、破片や落下物の防止措置なども、食品への異物混入防止のために重要なものである。

　これに関連して、職場環境改善の標語である5S「整理、整頓、清掃、清潔、習慣化（ルール・モラルの順守）」の取り組みは、現場における基本的なリスク管理としても重要である。この5Sは、日常的な取り組みとしても、大変にわかりやいものである。5Sの実践は、職場の環境保全と秩序ある職場となり、従事者の健康と安全を守ることになる。また、無駄と無理のない効果的、効率的な作業の促進にも寄与する。

　B型の組織として取り組むべきリスク管理は、比較的に大きな事故、偽装、不正につながるリスクに対処するものである。例えば、停電のリスクの評価に応じて、停電に対する防止対策の実行である。過去に、電源設備の故障により停電となり、冷却装置の停止により集団食中毒が発生した事例がある。近年、全国的に気象災害等の多発により停電のリスクは格段に高まっている。停電は、機器の停止、情報機器の不具合、空調・冷却設備の停止等の深刻な影響を与える。このため、停電防止対策として、非常用電源の完備、非常時の電源供給網の整備、電子データのバックアップ体制についてなどについて組織的な整備の対策を図ることが不可欠となっている。

　また、最近問題となっている不正行為、基準違反行為なども、表面に見えないが、潜在的な危険性の高いリスクである。目に見えないリスクの方が、長期間にわたって放置されることもあり、組織ぐるみの不正行為に発展して、大変に危険なものとなる。時限爆弾を抱えているようなものである。そのためにも、リスク検索、リスク評価などで取り上げられた具体的な業務について、不正行為とならないように教育、訓練を定期的に実施し、未然に防止することが基本的に重要なリスク管理である。また、不正行為の前兆がある場合、不正行為が進行している場合においては、早期解消のために組織的に実行性のある取り組みを迅速に実施することがリスク管理である。

　最近の例では、先に述べたように 2015 年に発生した血液製剤等の不正製造の例がある。血液製剤等の製造法の不正は全製品に広がり、組織的な不正となった。同じ年の肥料製造の不正も、多くの肥料製品に広がっていた。このような事例で考えて見る。最初の段階で、原材料や製造法などの変更を実施する際に、必ず、法令、規則等に定められた手続き等を確認し、その上で、手続き等を無視すれば違法行為として大きなリスクとなることを認識する必要があったと思われる。今まで述べたことで言えば、リスクの探索・認識とリスク評価をしっかりやることである。この際、法令等のコンプライアンス部署の参画が不可欠である。自己だけで評価判断せず、専門部署を加えるのが評価の原則である。先の事例で、最初の段階で、このようなことを実施しておれば、不正は防止あるいは解消していたと考えられる。リスクの探索・評価・管理と固い言葉を使っているが、不正や危ないことを防ぐために実施することは、特殊なことでもない。

　Cタイプのリスクは、組織とともに地域・社会的に取り組むべきリスク管理である。例えば、大規模な地震、豪雨などの災害によるリスクがある。また、広域的な環境汚染のリスク、食中毒や家畜伝染病の病原菌やウイルスの蔓延のリスクがある。これらのリスクに対応するには、1 つの事業体、組織だけでなく、地域の自治体等と連携してリスク管理に取り組まなければならない。

　2018 年 9 月に発生した北海道胆振東部地震において、主要な発電所が停止し

たばかりでなく、全道規模の大停電（ブラックアウト）となった。この影響で、震源地から遠く離れた地帯においても停電となり、酪農家で搾乳ができず、また、牛乳製品工場の稼働も止まった。食品関係の冷蔵保冷貯蔵ができなくなる事態となるなど、経済的にも大きな被害が発生した。

　このように、近年、地震や大雨などによる自然災害が全国的に発生しており、日本の多くの地域においても大停電の発生リスクが高まっている。このような自然災害のリスクに対しては、個々の事業所において、非常用発電機の常備、建物の耐震構造化等が必要となっている。一方で、個々の対応では限界があるので、災害が発生した時には、地域において、バイオマス発電等による地域自立型電力の供給システムを構築することも検討することが必要となっている。このためには、地域の防災対応強化として、自治体との連携強化が不可欠となっている。地域と一体となったリスク管理が必要である。

　また、生物系産業で特に注意を払わなくてはならないものに、食中毒、家畜伝染病の蔓延のリスクがある。食中毒のリスクとなる病原としては、サルモネラ菌、腸炎ビブリオ菌、ブドウ球菌、カンピロバクター、ノロウィルスなど多種類のものがあり、感染範囲も広域なものとなっている。中でも、病原性の大腸菌 O157、O111、O26 などは、広域に生存していると言われており、食材、水などを通じて広域に感染し、多数の者に伝染し中毒症状も大変重く死亡者も発生している。このような食中毒リスクに対しては、個別事業所の衛生管理が必須であるが、それだけでは不十分で、地域的な対応が不可欠である。

　さらに、家畜の伝染病としてリスクが大きいのは、口蹄疫、高病原性鳥インフルエンザ、ＣＳＦ（豚熱）がある。また、新型の鳥インフルエンザ、高致死率のＡＳＦ（アフリカ豚熱）の侵入の危険性も高まっている。これらの伝染病の発生・蔓延のリスクの対応は、個々の飼育場の飼養衛生管理の徹底だけでは実効を上げることができないもので、地方自治体による地域防疫対策、さらには国による海外検疫などの水際対策が必要である。このような、家畜伝染病のリスク管理は、個々の飼育場の取り組みの徹底とともに、市町村の関係機関、都道府県、国のそれぞれの連携・協力において取り組まなければ成果が上がらない

ものである。

リスク管理の継続が重要

　最後に、実施したリスク管理は維持継続することが重要であることである。リスク管理を実施しリスクが一応解消したとしても、それで終わりではない。リスク管理の効果があったか、リスクが解消されたか、継続的に確認することが必要である。それだけでなく、この講じたリスク管理を緩めることなく維持継続することが大変大事である。これは、同じリスクを再度復活させない意味でも重要である。例えば、装置の不具合を修理して終わりということではなく、定期的にその部分を点検することが必要である。修理部分は弱体化しており経年劣化も早く生じてくる可能性が高い。また、同じ業態を継続している事業体においては、過去の事故や不正が繰り返された事例も多くある。したがって、リスク管理の手も緩めないことが重要である。

　事故等が繰り返された事例がある。2000 年に乳製品の集団食中毒の事例が発生したが、以前に同じような原因で集団食中毒を起こしており、過去の教訓が活かされなかった。また、2010 年に宮崎県で口蹄疫が発生し感染が広域に拡大した。10 年前の 2000 年にも口蹄疫が発生したが、この際は、少数の牛飼育農場の感染にとどめることができた。残念ながら、2010 年の時は、この 2000 年の成功した経験と教訓が生かされなかった。

　このように、同じ組織において、同じような不正や事故が繰り返されることが多い。また、別な組織であっても同じ業態であれば、同じようなリスクの発生の素地が存在している可能性が極めて大きい。自己と他者の事故の教訓を忘れずに、注意は常に怠ることがないようにする必要がある。リスク管理は、これで良いというゴールはないと考えるべきである。同じような条件、同じ様な環境であれば、解消したリスクも復活する可能性が高いのである。

　繰り返しになるが、「リスクの完全解消はない」「リスク管理に終わりは

ない」ということである。過去に起こした事故、偽装、不正についての経験と教訓を活かし、それ以上の徹底したリスク管理を実施することが重要である。同様に、同じ様な業態の事業所においては、他者が起こした事故、偽装、不正についての教訓をよく学び、同様の事故等を発生させないようにリスク管理を継続的に実施することが重要である。継続的なリスク管理の実施が、事故、偽装、不正を未然に防ぎ、安心で快適な職場として働けることになる。

　以上のように、現場においてこそ、安全で快適な職場が持続的に継続されるようになるために、リスク体系を認識して、組織全体として一体となって、それぞれの従事者が事故、偽装、不正を防ぐために倫理的行動することが重要である。リスク探索、リスク評価、リスク管理という言葉は固い感じがするが、前述したように当たり前の取り組みであることも多い。日常の業務の中で、リスク体系を認識し、事故等の防止のために、倫理的行動が着実に行われていることが極めて大事である。このような現場の地道な努力により、事故、偽装、不正等が防止され、日々に、品質の高い製品、サービスが社会に提供され、社会の発展に貢献することになるのである。

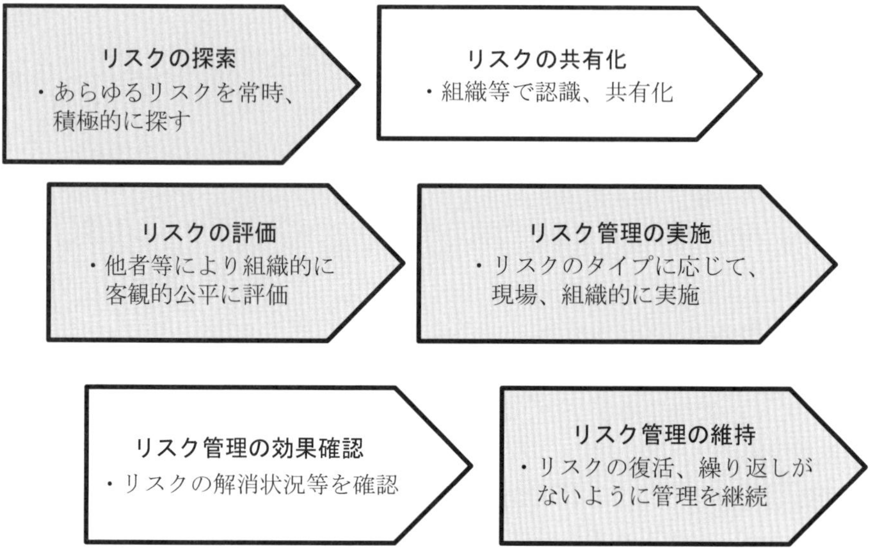

図9-1　リスク体系の具体的な手順

第10章　危機管理の重要性

―ともかく早期発見とスピーディーな初動―

危機管理は事故拡大の防止

　リスク管理が不備、不十分であればリスクが解消されないことになり、事故、偽装、不正の発生となる。この発生した事故、偽装、不正を最小限にとどめ、拡大を防ぎ、終息させる。これが危機管理（Crisis Management）であり、大変重要な行動である。危機管理とは、火事に例えれば、小火のうちに早く発見し、スピーディーに消火し延焼を防ぐことに全力をあげることである。そのための体制を整えることである。

　危機管理とは、もともと国家間の紛争、安全保障に関して使われた概念であるとされている。現在では、いろいろな場面で使われているが、事故等が大規模または深刻で、組織的な対応となった場合に用いることが多い。危機管理は、事故等が発生した初期段階に、スピーディーに体制を整備して対応しなければならない。なお、危機管理体制は、事故等が発生していないが、危機が迫って緊迫した場面となった場合においても立ち上げることが必要である。この意味でも、危機管理の中にリスク管理の概念が含まれている。前述の将棋倒しタイプの事故等のように、ある事故等が起因して別の事故が連鎖して拡大していくような場合は、危機管理とリスク管理が混在していくことになる。このように、危機管理の中にリスク管理が含まれて進行する中では、両者を区別する必要がないことも多い。

　危機管理は、事故、偽装、不正が発生し、それが拡大しないように、常に体制を準備しておき、いつでもスタートできるように、速やかな対応ができるようにしておくことが不可欠である。特に、近年、社会的に問題となる事故、偽

装、不正が頻発する中で、危機管理の重要性が強調されている。

危機管理の事例から見る教訓

　危機管理の教訓を得る上でも、必ずしも適正でなかったと思われる危機管理の事例を見ることとする。危機管理が不適切であると、事故等が拡大し被害が広がるだけでなく、社会的な規模の問題となり、組織の責任体制が問われることも多い。

○乳業会社の集団食中毒の事例

　2000年に、低脂肪乳製品等を原因とする集団食中毒が発生した。発症者が1万人を超える大規模な食中毒となった。この乳製品の原料である脱脂粉乳に食中毒菌の毒素が混入したことが原因とされた。

　消費者からのクレームに対する対応は遅れ、商品の自主回収も遅滞し、公表も遅れた。早く知らせるべきであったという消費者の声が多かったとされる。さらに、トップ（最高責任者）の会見等の説明について、不適切な部分もあったとされた。このように、対応が不適切であったことから、低脂肪乳製品だけでなく、他の乳製品の販売も激減してしまった。

　本事例を参考にして、危機管理の観点からの一般的な教訓は以下のとおりである。

　ア　危機管理体制は機動的に立ち上げることが重要である。特に、食品関係にとっては、消費者の健康に関する事故は、最重要事項であるという認識が大事である。そのため、危機管理体制を立ち上げ、速やかな原因究明と関係情勢を整理し、正確な情報の共有が最も重要である。

　イ　危機時は、責任者（トップ）の役割が極めて重要となる。特に、外部に対する説明は、早期に正確に誠意をもって行うことが大変重要である。説明具合によって、消費者や社会の不安が解消するか、納得するかの決め手になることが多い。

　ウ　消費者のクレームに丁寧で十分な対応が大事である。消費者への速やか

で丁寧な説明と情報の提供をし、安心と信頼を得ることが大事である。これは「風評被害」を防ぎ、被害が拡大しない上でも重要である。

エ　関係製品の回収は、時間を置かず速やかに実行することが基本である。回収の遅れは、被害者の増加につながり、消費者からの苦情の拡大につながる。

オ　過去の事故の教訓を活かすことが重要である。過去にも同じような事故、不正を起こしているケースが多い。過去の教訓を風化させず、過去と同じような事故の防止対策（リスク管理）を維持継続することが重要である。

○宮崎県の口蹄疫発生の事例

　2010 年に宮崎県で、牛の伝染病である口蹄疫が発生し、広域的に伝染し大規模なものとなった。最初の発症を確認した時点では、既に複数の農場に病原菌が伝染していたと推定されている。政府は、口蹄疫防疫対策本部を設置したが、次々と農場に感染が拡大していった。さらに、牛よりも感染力の強い豚に感染が拡大した。感染区域は、8 市 11 町 1 村となった。

　本事例については、2010 年 11 月に、国の「口蹄疫対策検証委員会」の報告書が、提出されている。その報告書で、危機管理に関する部分の抜粋要旨は、以下のとおりである。

ア　はじめに
・最近、アジアで活発な流行がみられる中で国際的な人や物の往来が増加していることから、口蹄疫ウイルスは国内に侵入する可能性があるという前提に立ち、実効ある防疫体制を早急に整備する必要がある。
・最も重要なのは、「発生の予防」と「早期の発見・通報」さらに「初動対応」。ここに関係者が力を注ぐことが結果的に国民負担も小さくすることにつながる。

イ　今回の問題点
・10 年前の口蹄疫の発生を踏まえて作られた防疫体制が十分に機能しなかったこと。また、国と宮崎県・市町村などとの役割分担が明確でなく、

連携も不足していた。

- 豚への感染が起こったことなどにより急激に発生件数が増加した。緊急ワクチン接種が決定されたが、結果的に決定のタイミングは遅かった。
- 畜産農家段階において飼養衛生管理基準が守られていたとは言い難い。
- 農場の所在地、畜種、頭数などについての把握が十分でなかった。
- 異常畜の発見の見逃しや通報の遅れがあり感染を広げる大きな原因となった。
- 埋却などの具体的な作業のイメージがないため、作業が円滑に進まなかった。

ウ　おわりに

- 国においては、家畜伝染病予防法の改正等をはじめとした様々な具体的な改善措置を早期かつ着実に実施すること。
- 都道府県においては、具体的防疫措置の実行責任者であることを深く自覚し、市町村・獣医師会・生産者団体などとの連携・協力をしつつ、予防、発生時に備えた準備、発生時の早期通報や的確な初動対応に万全を期すこと。
- 畜産農家は、出入りに際して消毒に万全を期し、自らの農場にウイルスを侵入させないようにするなど、衛生管理を適切に実施すること。
- 最も重要なのは、「発生の予防」と「早期の発見・通報」さらに「初動対応」であり、関係者がこの点に力を傾注することを強く期待する。

　以上のように、口蹄疫対策検証委員会の報告書においては、「発生の予防」「早期の発見・通報」、及び「初動対応」の3つが最重要であると再三にわたり強調している。本事例の教訓としては、まさにこの3つである。

　「発生の予防」とは、リスク管理である。そして、「早期の発見・通報」および「初動対応」は危機管理の要諦である。とくに、海外由来の家畜伝染病については、人および物流の国際化が進展している今日では、水際の防疫対策には限界がある。したがって、侵入を防止するための水際のリスク管理は当然であるが、感染を発見してからの危機管理が重要となる。まさに、報告書が指摘し

ているように、「早期の発見・通報」「初動対応」の危機管理が何よりも大変に重要である。そのためには、国、県、市町村などの役割分担を明確にした危機管理体制が必要である。その上で、現場の早期発見と通報、速やかなウイルスの検査の実施が重要である。伝染病は、発見が 1 日遅れれば感染が拡大する。直ちに、感染拡大防止のための迅速な初動対応を行うことが必要である。

　国内の感染の拡大防止のためには、発生地域の関係者の出入りの制限と出入りの際の消毒が基本であったが、十分に徹底されていなかったとされており、危機管理が徹底されず、その不備が指摘されている。また、個々の畜産農家だけでなく、試験場等の公的機関の衛生管理の徹底が不十分であったと報告書は指摘している。つまり、それぞれのウイルス感染に対するリスク管理が徹底していなかったことになる。

　また、10 年前の口蹄疫の発生時の経験が十分に活かされず、防疫体制が、十分に機能しなかったことも指摘している。この事例でも、過去の経験と教訓を忘れずに、リスク管理体制、危機管理体制を維持しておくことが必要であったことを指摘している。

　さらに、前述したように、2018 年に 26 年ぶりに、岐阜県内でＣＳＦ（豚熱）が発生した。野生のイノシシに感染したこともあり、岐阜県内各地だけでなく愛知県等の周辺の府県に感染が拡大している。加えて、感染力の強いＡＳＦ（アフリカ豚コレラ）が、日本周辺のアジア各国において感染が広がってきて、侵入リスクが高まっている。近年、人の移動と物流の国際化もあり、海外からの家畜伝染病の侵入リスクは大変に高まっている。海外からの侵入を防止するための空港と港湾の検疫の強化とともに、国内で発生した場合の発生拡大を防止するための国内防疫の徹底が重要となっている。

　口蹄疫、ＣＳＦ（豚熱）などの経験と教訓を十分に活かし、従来以上に、海外及び国内の検疫対策の強化、つまり海外家畜伝染病に対するリスク管理と危機管理の強化が必要となっている。

○福島第一原子力発電所事故の事例

　前述したように2011年3月に、福島第一原子力発電所事故が発生した。発電所は全電源も失い、中央制御室も停電し監視用計器等も機能不全となった。核燃料棒の溶解（メルトダウン）が進み、建屋内に充満した水素による爆発で建屋の上部が破壊された。計器類の不良で原子炉内の状態が正確に把握できない状況の中での作業が続いた。

　事故の現場では、放射性物質汚染による被爆の危険にさらされながら、懸命な作業が継続された。電源車の到着も遅れる状況で、シビアアクシデント（炉心の重大な損傷に至る事象）に陥った中にあって、炉心の冷却、ベント（格納容器内の気体の放出）の実施などの作業員の過酷な作業が続いた。当時、事故の現場で苦闘した所長は、圧倒的に人が不足していた旨を語っている。実際に、手探りの状態で、散乱する瓦礫の中で疲労が蓄積し、加えて放射能の被爆を受けながらでの作業の遂行には限界があった。最前線にいる事故現場に対して、必要な物心両面の支援を迅速に行うことが何よりも優先すべきことであったと思われる。

　本事例について、いわゆる国会事故調（東京電力福島原子力発電所事故調査委員会）の報告書が提出されている。この報告書の結論の中の「緊急時対応の問題」の項で、危機管理に関すると思われる部分の要旨は以下の通りである。

- ・いったん事故が発災した後の緊急対応について、官邸、規制当局、東電経営陣には、その準備も心構えもなく、その結果、被害拡大を防ぐことができなかった。
- ・保安院は、原子力災害対策本部の事務局としての役割を果たすことが期待されたが、過去の事故の規模を超える災害への備えはなく、本来の機能を果たすことができなかった。
- ・官邸による発電所の現場への直接的な介入は、現場対応の重要な時間を無駄にするというだけでなく、指揮命令系統の混乱を拡大する結果となった。
- ・重要なのは、時の総理の個人の能力、判断に依存するのではなく、国民の安全を守ることのできる危機管理の仕組みを構築することである。

・事故の進展を止められなかった、あるいは被害を最小化できなかった最大の原因は「官邸及び規制当局を含めた危機管理体制が機能しなかったこと」、そして「緊急時対応において事業者の責任、政府の責任の境界が曖昧であったこと」にあると結論付けた。

さらに、本報告の提言の項で「提言 2：政府の危機管理体制の見直しとして、緊急時の政府、自治体、及び事業者の役割と責任を明らかにすることを含め、政府の危機管理体制に関係する制度について抜本的な見直しを行う」と提言している。具体的には、「政府の危機管理体制の抜本的な見直しを行う。緊急時に対応できる執行力のある体制づくり、指揮命令系統の一本化を制度的に確立する」としている。

この報告書に指摘されているように、事故の進展を止められなかった、被害を最小限にできなかったのは、危機管理体制が機能しなかったとしている。各当事者が、大規模な事故が発生した後の緊急対応について準備も心構えもなかったと指摘している。また、責任と分担関係が曖昧で機動的な危機管理体制でなかったことを真っ先に挙げている。このような状況では、現場への指揮命令系統が混乱し、事故現場の懸命な作業の遂行に著しい支障をきたすこととなったと述べている。提言にもあるように、緊急時に指揮命令系統を統一し執行力のある危機管理体制を整備すべきとしている。

　危機管理の目的は、事故の進展、拡大を一刻も早く止めるということにつきる。したがって、責任ある明確な指揮により、事故の現場との明確な意思疎通を図り、事故と戦っている現場へ最大限の支援を、的確かつ迅速に行うことが不可欠である。そうでないと、事故の拡大は防ぐことはできない。

　以上、3 つの事例を紹介した。これら 3 つの事例は、分野も組織も異なるものであるが、いずれも事故の拡大と影響を抑えるためには、的確な危機管理の重要性を教えてくれる。このことは、先に述べた宮崎県の口蹄疫の発生時に設置された「口蹄疫対策検証委員会報告書」で、特に明確に強調されている。あ

らためて述べると、報告書の結論として、最も重要なことは、「発生の予防」と「早期の発見・通報」、さらに「初動対応」とし、ここに関係者が力を注ぐことであると指摘した。最初の「発生の予防」というのはリスク管理である。「早期の発見・通報」と「初動対応」とは、事故等が拡大している場面では、「リスク管理」と「危機管理」が同時に進行する状況になっていたことになる。

　このような過去の事例や同様の事例を教訓にして、いざという時のために、あわてないように、危機管理マニュアルを定めておき、いつでも、迅速かつ機能的に初動できる体制が立ち上がるようにしておくことが重要である。職場では、火災訓練は毎年定期的に実施しているが、事故等の発生時の対処体制（危機管理体制）についても、適時、確認し準備しておくことが必要である。

危機感の要素と危機管理

　前述の事例では、比較的大規模な事故で社会的にも大きな問題となった事例を取り上げたが、同じような規模の事故等でも、社会的に大きな問題となる場合とそうでない場合がある。一般には、被害や影響が大きいものが、危機感が大きく受けとめられる。身近なところに起きる事故についても、当然、危機感は大きくなる。また、偽装や不正の場合、その偽装や不正が放置された期間が長ければ長いほど、社会の反発は大きくなる。さらには、発生した事故等についての説明具合や対応具合によって、危機感の大きさは相当違ってくる。このように危機を受けとめる大きさは、複数の要素で左右されていることが分かる。リスクの大きさが、被害の大きさと発生頻度の2つの要素でおおむね推定することができるのに対して、危機感の大きさの要素は複雑なものがある。

　事故や不正に対して、受け止める危機感の大きさは、実際に危機管理を実施するうえでも重要なものである。大したことのない事故等と思って対応したが、結果的に予想以上の大きな問題となることも多い。逆に大きな事故等であっても、その対応次第では大きな問題に発展しないで収束することができる。したがって、事故等に対する社会や消費者が受けとめる危機感の要素がどのようなものかを認識しておくことが、危機管理上でも重要である。

　社会が受けとめる危機感の大きさを左右する要素を列挙すると、次のとおりのものが考えられる。

A	被害・影響の規模	B	生命・健康・生活への影響度合
C	放置した期間の長さ	D	対応処理の適正度合
E	法令倫理の違反度合	F	責任者の対応度合

　6 つの要素を挙げたが、ある事故、偽装、不正に対する社会が受け止める危機感の大きさは、これらの要素を相乗したものであると考えられる。つまり、概念的には、各要素が掛け合わされた値（A×B×C×D×E×F）で表現することが妥当であると考える。例えば、6 つの要素がみんな小さければ、この事故等の危機感は小さくとらえられ問題は小さい。一方、Bの生命・健康・生活の影響度合いが大きければ、他の要素が小さくても、この事故等の危機感を大きくなり深刻な問題となる。また、AからEの要素がそんなに大きくなくても、Fの責任者の対応度合いが悪い場合は、この事故等の危機感が大きくなり、社会的に大きな問題となる。逆にFの要素が良い場合、他の要素が中くらいでも、全体的には危機感の大きさは小さくなる。

　結局、6 つの要素は、全て重要な要素であるが、肝心なことは、1 つの重要な要素の大小で全体の危機感の大きさが左右されることである。したがって、危機管理については、それぞれの要素について気を抜かないで最後まで対応することが重要である。

　最初の要素Aの「被害・影響の規模」は、事故等の強さ、広がりである。これが大きいほど危機感が大きいことは当然である。要素Bの「生命・健康・生活の影響度合」も大きければ、危機感が大きくなる。特に、食品関係は、この要素が大きいことから、危機感は他のものに比べ大きく受け止められることに注意すべきである。

　要素Cの「放置した期間」とは、偽装、不正等を放置した期間が長ければ、批判がさらに厳しくなり、危機感が大きくなる。これは、放置が長ければコン

プライアンス（法令倫理規範順守）体制が弱く、自浄作用が効いていないことと判断される。長い間、偽装や不正製品を買わされたことで、知らずに受けた実害も大きく深刻であるとされてしまう。

　要素Dの「対応処理の適正度合」は、事故等に対する対応処理が良ければ、安心感が増し、受け止める危機感は小さくなる。対応処理が悪ければ、社会の批判が強くなり、危機感が大きくなる。要素Eの「法令倫理の違反度合」とは、法令規則違反のレベル、端的にいえば罪が重いものほど違反度合が大きく、危機感も大きく受け止められる。しかしながら、指導、勧告レベルは軽いということではなく、社会からすれば、どんなルール違反でも許されることではないと受け止められる。法令等の違反は、それだけでも重大な危機感として受け止められることは間違いない。

　最後の要素F「責任者の対応度合」は、危機管理の上では重要な要素である。事例でも分かるように、責任者の対応状況が危機感の大きさについて大きく左右する。これが、一番重要であると言ってもよいくらいである。トップの責任ある迅速かつ的確な説明が行われるかどうかで、危機に対する国民の不安・不満が解消するか、逆に不安・不満が膨らむか、大きな違いが出てくる。トップ、責任者には、説明責任が強く求められることが多い。過去の事例では、その説明のやり方、説明内容、説明態度などは、様々である。いざという時に備えて、事故等の情報伝達体制と各段階の責任体制を整えておき、正確な内容を踏まえた迅速で丁寧な説明をすることが最も重要である。

危機管理のポイント

　危機管理は、現場の事故等の拡大を全力で防止し、事故を解消することが第一であるが、同時に、社会が受け止める危機感の解消にも尽力しなければならない。このため、前述の危機感の6つの要素を十分にも念頭に置く必要がある。つまり、事故の解消と危機感の解消の両面の解消が必要となる。危機管理は、事故、不正そのものの解消だけでなく、不安の解消などの危機感の解消の両方が必要となる。先の3つの事例等からの教訓も念頭にして、危機管理で重要なポイントをあらためて述べると以下のとおりである。

　1 つは、適切有効に機能する危機管理の体制をいつでも機能するようにしておくことである。形だけあっても、いざという時に有効に機能しなければ何にもならないことである。そのためには、責任分担関係をしっかりと決めて、有効に機能するように定期的に確認しておくことが重要であると考えられる。

　2 つは、原因の早期究明である。原因究明が遅れると、その後の対応も遅れることになる。ともかく原因究明は真っ先に取り掛かることである。被害の原因究明が必要以上に長期に及ぶことは避けなければならない。

　3 つは、迅速で適切な公表である。近年、公表や説明が遅延するだけで不安が増大するとともに批判が大きくなる傾向にある。速やかに公表することで、被害の拡大を防止でき、社会の安心感と信頼感を高めることができる。

　4 つは、責任者の適切な説明である。このことは、特に危機管理においては重要である。適切な説明は簡単なことではないが、いろいろな事例からすると、「早めに適切に対応している」という印象と、「誠意感」と「納得感」を与えることが重要である。

　最後に、5 つは、本部と事故等を処理する現場の意思疎通を図り、現場への支援を十に分に行うことである。指示を出す本部と処理実行部隊の現場との連携は、事故等の解消と危機感の解消について効果的で迅速な対応に大きく影響することになる。無用の混乱を起こし事故対応が遅延することは避けなければならない。

　以上、5 つのポイントを挙げたが、危機管理においては、ともかくも「早期発見」と「スピィーディーな初動」が不可欠である。事故や不正の発見が遅れたり、初動が遅れたりすれば、危機管理対応が大苦戦となることは、火を見るより明らかである。大事故にならない前に、リスクを解消するリスク管理と、事故の拡大を止める危機管理が極めて重要である。

危機管理のポイント

① 危機管理体制の常時整備
② 本部と事故現場との連携と支援
③ 原因の早期究明
④ 迅速で適切な公表
⑤ トップの誠意と納得のある適切な説明

危機感の大きさ（各要素の相乗）

被害・影響の規模	×	健康・生活への影響度合	×	不正等の放置期間	×	対応処理の度合	×	法令倫理の違反度合	×	トップの対応度合

図 10-1　危機管理と危機感の要素

第11章　公益通報と説明責務
―公益通報は説明責務と納得感が基礎―

公益通報をめぐる動き

　最初に、「内部告発」という言葉があるが、この「告発」は訴訟上の用語でもあるが、一般的には不正や悪いことを訴えるということである。また、「密告」や「告げ口」というと、悪事や秘密ごとを、こっそり知らせるというイメージがある。なお、一般的な告発に当たる言葉は、英語では一般に「blow the whistle」と言う。文字通り笛（ホイッスル）を鳴らすことで、警告する、やめさせるということで、広く中立的な感じがするように思われる。

　言葉づかいの印象はともかく、一般によく使われる「内部告発」については、従来、その善し悪しについて議論のあったところである。不正を正すという効果もあるが、一方で業務に支障を生じる場合もあるのではないか、という議論もある。また、個人的な利益の追求が強い場合があるのではないか、組織への忠誠義務や服務規定に反するのではないかなども指摘された。一方で、内部告発者は、心の葛藤を抱えることが多く、不利益な状況に置かれることも多いという深刻な問題もある。

　近年、組織の不正や不祥事の発覚が見られるが、残念ながら、内部の監査や管理者のチェックによる発覚はそう多くないとされている。不正の防止は、組織にとっても社会にとっても最大の課題である。このため、基本的には、組織内のコンプライアンス（法令倫理規範の順守）が常に機動的に機能するような体制が必要である。今まで述べてきたように、事故、偽装、不正を防止のためのリスク管理の取り組みが極めて重要なことである。リスク管理は、不正等の発生のリスクを解消し、不正等の発生を事前に防止することである。したがって、

内部告発を減少させる意味でも、事前に防止するリスク管理の役割が重要なものである。

　一方で、世界的にも、不正の発覚は内部からの通報であることも多いとされている。そのため、不正の事実について内部からの通報ができる仕組みが、大変重要な役割を果たすと考えられるようになってきた。既に、米国では、早くから、内部告発者を保護する法律が成立していた。また、英国においても、包括的な公益通報者を保護する法制度が制定されていた。

　わが国においても、2000年ころから、不正や不祥事が発覚し、社会的な問題となってきた。このような海外および国内の状況を受けて、わが国においても2004年に、「公益通報者保護法」が制定された（施行2006年）。この公益通報者保護制度により、内部の公益通報について、一定の条件を満たすものは、法的に保護されるということになった。この法律により保護される通報者、保護される通報はどういうものかが定められた。前述のように内部告発については、種々の議論があったところであるが、法律で「公益通報」として一応の整理が明確となり公益通報者の保護が図られることとなった。

公益通報者保護制度の概要

　この法律は、公益通報者の保護を図るものであり、公益通報したことを理由とする公益通報者の解雇の無効、また公益通報に関し事業者及び行政機関がとるべき措置を定めたものである。その公益通報者保護法は、規定条文としては多くないもので、その概要は以下の通りである。

公益通報者保護法の概要 （2004年制定　要旨）

1　目的

　　公益通報者の保護を図るとともに、法令の規定の遵守を図り、国民生活の安定及び社会経済の健全な発展に資する。

2　公益通報

　　労働者が、不正な目的でなく、労務提供先等について、通報対象事実が生じ、又は生じようとしている旨を、通報することである。

3　通報対象事実

法律に規定する犯罪行為の事実、法令違反行為である。

4　通報先

事業者内部通報、行政機関通報、外部通報である。

5　公益通報者の保護

本法に定められた要件を満たす公益通報をした者は、公益通報をしたことを理由とした解雇の無効、不利益取り扱い禁止など。

6　公益通報者、事業者、行政機関の義務

公益通報者は他人の正当な利益等を害することがないように、事業者は是正措置等を公益通報者に通知するように努める。

　公益通報者保護法の目的は、通報者個人の保護を図ることであるが、これを通じて、法令を順守する社会を促進し、国民生活の安定と社会経済の健全な発展に資することにある。後半の文言は、法律の常套文言のように見えるが、本法制度が法秩序を守り、国民の生活と経済の向上に資するとしたことには大きな意義がある。このように、本法律で定める通報者を保護することは社会的に重要であり、公益性が高いということで、公益通報と称している。公益通報は、社会と経済の発展に貢献するという位置づけでもある、

　この法律のポイントは、保護される者は、組織内に働いている労働者であることである。つまり内部の者であることが条件で、外部の者は対象としていない。公益通報の内容は、労働者が自己のために不正の利益を得るものとか、他人に損害を与えるものでないことである。つまり個人の私利私欲のものであってはならないことで、これは当然のことである。

　また、通報内容については、事実が生じているか、生じようとしていることが必要である。単に想像しているだけのものは対象とならないことになる。そして、通報できる事実は、定められた法律で、罰則のある犯罪行為であることと規定されていることがポイントである。具体的には、刑法、食品衛生法、金融商品取引法、ＪＡＳ法、大気汚染防止法、廃棄物処理法、個人情報保護法、

その他の法律が定められている。また、通報先は、内部への通報、外部への通報、行政機関への通報の３か所が可能である。最後に、肝心な公益通報者の保護の内容は、公益通報をしたことを理由にした解雇は無効とされ、また、不利益取り扱い禁止などが定められている。

　このように公益通報者保護制度は、その内容の性格からして、適用には厳格な要件が規定されているが、公益通報者が解雇や不利益を受けないなど、公益通報者の保護が明確となっている。また、公益通報者を保護するだけでなく、公益通報者保護制度が存在することによって、組織、職場において、不正行為の発生が抑制される効果が期待されている。むしろ、倫理的な観点からは、この不正発生の抑止効果の方が重要であると考えられる。不正が発生してからいろいろと対処するより、不正が発生しない職場の方が、はるかに快適で創造性と生産性が高いことは言うまでもない。

　この法の制定を受けて、組織で「企業倫理ヘルプライン」などの規程を定め、通報窓口を設置するなどを講じるようになってきている。組織にとっても、今まで以上に、違法行為を早期発見し、違反行為の是正等の取り組みの促進が必要となっている。このことは、組織の従事者が、より快適で安心して働ける職場環境の整備に大きく寄与するものである。さらに重要なことは、公益通報者保護制度を整備し、不正等の防止に積極的に取り組んでいることは、その外部の関係者（ステークホルダー）の評価を得ることとなり、社会からの信頼性も高まることとなる。

　近年、不正行為等の発覚によって大きな問題となり、組織経営に大きな悪影響を及ぼすことが多い。このため、組織にとっては、法律違反行為、不正行為の防止は、最重要課題となっている。そのためには、会計及び業務の監査機能の強化とともにコンプライアンス（法令倫理規定順守）の徹底が基本である。しかしながら、不正等の発覚に事例を見ると、これらが有効に機能しないことも多い。そのため、今まで述べたリスク管理の積極的な遂行とともに、公益通報者保護制度の活用が重要となっている。

公益通報等の事例

　公益通報者保護制度の制定前にも、制定後にも内部告発、公益通報の事例は、多く発生している。その中でも生物系産業に関するものをいくつか紹介する。

冷蔵保管業者の牛肉偽装の告発事例

　2002 年の牛肉偽装の告発の事例である。当時、ＢＳＥ問題により国産牛肉の消費が激減した。この対策の一環として、政府が補助金で国産牛肉を買い上げて焼却処分とすることとした。この時、買い上げ対象でない豪州産牛肉を、国産牛肉の箱に詰め替えて、政府に買い上げてもらうことを画策したものである。国産表示の箱に詰め替えを依頼された取引先の冷蔵保管業者が、この偽装を新聞に告発した。この不正偽装は、国民の税金を使った補助金の不正でもあり大きな問題となった。

　これは公益通者保護制度の制定前のことであり、また、内部者の告発ではなく、外部の取引業者による告発であった。

食品加工会社の食肉偽装の告発事例

　2007 年に、食品加工会社が牛肉ミンチと表示して販売していたが、実際には牛肉は使わず、他の安い肉原料等を使って加工したものであった。この牛肉ミンチ不正製造偽装は、社長が主導したものといわれている。この事例が明るみに出たのは、管理的地位にあった幹部が自発的に退職して、新聞に告発したものであった。

　この告発は、当時、公益通報者保護制度の保護対象者ではなく、退職した幹部であった。

血液製剤等の不正製造・偽装の発覚事例

　2015 年に、血液製剤等製薬法人の不正製造・偽装が発覚した。血液製剤製造を国の承認書と異なる製造方法により製造販売していた。加えて、国の定期的な立入検査において、製造不正が発覚しないように、審査書類も偽装していたとされる。この不正製造と偽装は多くの製品で、かつ長年にわたり行われていた。発覚のきっかけは、内部の職員の投書通報であったといわれている。

　この事例は、公益通報者保護制度で保護されるべき者による通報と見られる。

　上述の事例だけでも分かるように、告発、通報は、様々な事情がある中で、いろいろな形で実施されている。告発、通報のきっかけは、違反行為が長年に続いていること、社会的公正に反していることなどから見過ごすことができない状態になったことが多いとされている。告発、通報者にとっては、職場との関係において、心の葛藤と心の痛みは大きなものであったと思われる。また、事例でも明らかなように、通報者は、雇用されている従事者だけでなく、退職した者、さらには役員や管理的地位の者、さらには、取引先の事業者などによることがある。

　なお、これに関連して行政手続法に「処分等の求め」（第4章の2）が規定されている。これは、何人も法令に違反する事実がある場合、その是正のための処分や行政指導がされていないときは、行政機関に対して、申し出て、処分等を求めることができるものである。この処分等の求めの申し出は、誰でも（何人<ruby>も<rt>なにびと</rt></ruby>）行うことができる。

公益通報者保護制度の改善

　公益通報者保護制度は、2004年に制定した比較的新しい法律であるあることもあり、いろいろな検討すべき課題がある。その課題の主なものは次のとおりである。

　課題の1つは、公益通報者保護制度の認知度は、なお十分とは言えない状況にある。また、組織の中に通報制度が十分に仕組まれていない場合も多いとの指摘もある。2つは、事例でも分かるように、通報者は内部の労働者だけでなくいろいろな立場の者がいる。通報者の対象範囲が狭いという指摘もある。

　3つは、保護される通報事実が違法の犯罪行為のものだけに限定されていることである。4つは、行政機関や報道機関に通報する際の条件が限定されており、通報しにくいことがある。5つは、秘密に扱うべき通報者や内容が漏れて通報者が不利益を受けることがある。

　公益通報者保護制度については、施行後、一定の期間が経過した後に必要な見直しをすることとしている。このため、国において検討をすすめてきており、

前述のいろいろな課題に対応して、公益通報者保護制度がさらに使いやすく有効に機能できるように公益通報者保護法を改正することとした。改正の要点は、以下のとおりである。

---

①　公益通報者が保護されやすくするため、保護される人の範囲を広げることと、保護される通報事実に行政罰を対象に加えること。

②　事業者が不正の是正をしやすく、安心して公益通報を行いやすくするため、事業者に内部通報に適切に対応する体制整備（窓口、調査等）を義務付けるとともに、通報者の特定情報の守秘を義務づけること。

③　行政機関、報道機関等への通報を行いやすくするための条件を追加すること。

　長年放置された不正が発覚して大きな問題となり、組織が大きなダメージを受けた事例も多い。「過ちを改めないのは、真の過ちになる」という言葉がある。また、同じく「過ちを改めるに憚（はばか）ることなかれ」という有名な言葉もある。不正、不祥事を見つけたら、直ちに正すことの重要さを示している言葉である。公益通報者保護制度が改善されることにより、多くの企業、組織により通報窓口が設置され、活用しやすくなることが期待される。このことにより、不正、不祥事が早期に発見され、早期に是正され被害を最小限にとどめることができる。不正、不祥事のないことで、安全で快適で個々の能力が十分に発揮できる職場環境となる。公益通報者保護制度は、不正、不祥事を発覚させるものであるというより、不正、不祥事を未然に防ぐ前向きの機能があることが重要なことである。

（※現制度については、一部改正される）

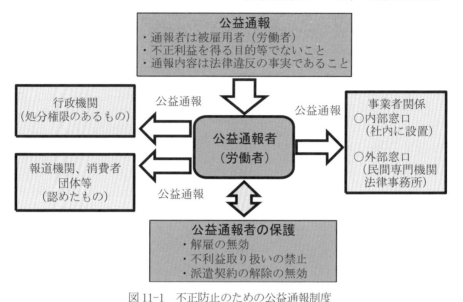

図 11-1　不正防止のための公益通報制度

コンプライアンスと公益通報制度

　公益通者報保護法は公益通報者を保護することであるが、制度の狙いにあるように、本来は組織の違法行為を防止して、自浄作用を発揮させることである。

　一方、同様の狙いで、近年、「コンプライアンス（compliance）」という言葉がよく使われる。不正や不祥事が発覚し問題となった時に、「コンプライアンスをしっかりしていきたい」というような説明がよくされる。コンプライアンスは「法令順守」と訳されることが多いが、単に「法令を守る」だけであれば当たり前のことで、ことさら強調する必要もないことである。

　コンプライアンスのもともとの意味は、願い、要求、指示やルールに対して承諾する、従うという柔軟性のある意味の用語で、法令だけ厳守と言うことではない。もともと、不正や不祥事が問題になったのは、法令を守らなかった場合だけでなく、社内の検査基準、顧客との品質基準を守らなかったこと、さらには資料・データのねつ造や不記載など広範囲に及んでいる。このようにコン

プライアンスを法令だけであるとすると守備範囲が狭く、保守的消極的な対応に留まることになる。法令順守の監視は監査の機能とされているが、近年、不正や不祥事の範囲や種類が多様であり、幅広い対応が必要となっている。

　また、不正や不祥事を実質的に防止するには、その基礎となる自律的な倫理規範が基盤になければならない。したがって、コンプライアンスは、守備範囲を広め、積極性に前向きに能動的に取り組むということが必要であることから、倫理を含めた各種規範を守るという意味で「法令倫理規範順守」とすることが妥当であると考えられる。

　次に、コンプライアンスは単に掲げているだけでは意味のないことである。コンプライアンス関係の専門を部署を設けている組織も多い。しかしながら、部署があるから、不正、不祥事の発生がなくなることはない。コンプライアンス機能は、不正や不祥事が発生してから行動するのではなく、むしろ、不正や不祥事の芽を除去することの方に機動的に動くことが重要である。これに関連して、コンプライアンスが機能するためにも、前述の公益通報者保護制度の役割は大きなものがある。つまり、コンプライアンスの徹底を図るためにも、公益通報者保護制度が有効に活用されることが必要である。

　また、「安全文化」とは、安全を文化として、職場全体の素養として身に着けておかなければならないということであると解釈されると述べた。安全とは、何かあった時だけ思い出すものではない。コンプライアンスも同様である。コンプライアンスを文化として、当たり前の気風として共有することが不可欠である。ちょっと難しい日本語で拳拳服膺（けんけんふくよう）という言葉がある。ものごとを常に忘れずに守ることである。コンプライアンスも安全文化も 1 人1 人が拳拳服膺していなければならないものである。

　重要なことは、安全文化もコンプライアンスも日頃の心掛けであるが、その心掛けが機能するには、リスク管理、公益通報者保護制度などの制度的な支えがしっかりしていなければ持続することはできない。

コンプライアンスとガバナンス

　コンプライアンスと同じように、「ガバナンス」という言葉もよく使われている。そこで、ガバナンスについても考えてみる。最近、不正や不祥事が発覚して大きな問題となった時に、「悪い情報こそ経営陣に上がるようにしたい」「現場がやったことなので知らなかった」「ガバナンスを強化したい」と経営管理者が発言することがある。このように、最近、「ガバナンス（governance）」の重要性がよく言われる。ガバナンスは、「統治」と訳されているが、直接「統治」と言うことは少ない。意味合いが不明確であるからであろうか。ガバナンス（統治）は、国家レベルのような感じがして、一般組織の場合は「統制」というのがふさわしいように思うが。特に企業の場合は、「コーポレートガバナンス（企業統治）」ということが多い。ガバナンスは、単に、不正や不祥事を防止するために管理統制するのではなく幅広い適切な統制機能のことである。ガバナンスは、コンプライアンスと同じものではないと考えられる。

　ガバナンスは、不正を排し法令等を守り、業績と信用を高めることにより、責任をもって企業価値を高めることである。したがって、ガバナンスとは、単に、上からの管理強化するのではなく、責任体制を明確にすることを基本とし、組織の意思疎通を図り、組織機能を高め、組織の発展を図ることにある。責任のない統治は機能しない。そこで、ガバナンスをガバナンス（統治と責任）と表記することにする。

　中国の兵書「孫子」に、勝つ組織として5つを挙げている（「謀攻編第3」）。その1つに、上と下の人の心が一致していれば勝つ（「上下欲を同じうする者は勝つ」）、と述べている。これは、現代風の業務で言えば、組織の上と下が同じ意識を持てば業務は成功するということである。同じ意識を持つということは、上も下も納得していることである。また、敵を知って己（おのれ）を知れば百戦して殆（あやう）からず、という有名な言葉もある。これも重要な言葉である。現代的に言えば、自分の組織の中の事情をよく知り、相手の事情もよく知ってこそ、ビジネスの成功がある、ということである。相手の事情とは、ビジネスや業務においては、顧客、消費者だけでなく地域や社会の事情もよく知ることである。

　前述の、「悪い情報が上がって来ない、現場がやったことで知らない」、というような組織体制では、孫子に言わせれば、戦う前に既に負けているのである。ガバナンスが機能するには、組織の意思疎通を良くし、責任関係を明確にし、適切な指示が行われることが必要である。組織の価値をさらに高め、創造性と活力があり、社会に貢献し、持続的に発展する組織とすることがガバナンスである。もっとも不正や不祥事が多ければ、ガバナンスが効果的に発揮することはできない。したがって、コンプライアンス（法令倫理規範順守）の基盤の上に、ガバナンス（統治と責任）があると理解することができる。

現場の納得と説明責務

　ところで、現場において、業務を遂行する上で、一番大事なのは、「納得感」と「満足感」があることである。

　例えば、現場のモノづくりで、木材加工作業の製品づくりの例がある。木工製品においては、納得がいくまで、自らのスキルを駆使して、木の表面が平らで美しく、寸法も寸分の狂いがないように削る。そして、最終段階において必ず「仕上げ」を加えている。また、優れた技能の者は、手際がよいので時間は多くかけない。木の表面を美しく仕上げるのは、古来から、木工技術が育まれ、わが国が木の文化であったことによるものと考えられる。納得のいく仕上がりになれば、顧客にもキチンと説明できることになる。逆に、いろいろな制約などで、ごまかしが入れば、本人は納得感が得られず、顧客も満足しないことになる。納得感、満足感が、最も重要であることは、どんな業務でも管理的な業務においても同じでことである。

　そして、納得感があるということは顧客に製品や業務について適切によく説明できるようになるために、不可欠なことである。手掛けた業務や製品について、いつでもどこにでもよく説明できることを意味する。つまり、自ら関与している業務について適正な「説明責任」を果たしてしていることになる。

　ここで、よく使われている「説明責任」について考える。英語では「アカウンタビリティ：accountability」であるが、英語を使う人はまずいない。かえって

意味が不明となるからであると思われる。英語から推測されるように、アカウンタビリティはもともと利害関係者に財務の状況を説明することであるが、今では、幅広く関係者に説明することに拡大されてきている。特に、わが国では、「説明責任」は、不正や不祥事が発生した時に、責任者などが弁解的に説明をするという、限定された場合に使われることが多い。しかしながら、説明責任は、本来、常時、身につけていなければならないものである。

　前述の木工製品の製造場面でも、自ら手がけた製品やサービスは、内部でも外部の顧客においても、しっかりと説明する責任を有している。現場では、身構えて、説明責任を求められることは少ないが、説明責任と裏腹の概念であるが、いつでもよく説明できる「説明責務」を有していると考えられる。現場だけでなく、職業人は、自己の担当している業務について、説明できるようにしておく義務があることは、ある意味では当たり前のことである。
　この際、適切な説明責務を有するためには、納得感の高い業務を実施していることが必要である。前述のように、業務において納得し満足があることが、適切な説明責務を果たせることの前提である。このため、技術、技能が優れているとともに、法令や各種ルール、倫理規範が適切に守られていることが必要である。事故、偽装、不正の発生のリスクが多くあるような職場環境では、業務の満足感、納得感が全く得られず、結果的に適正な説明責務を有することができなくなる。このような状況は、従事者にとっても組織にとっても不幸なことである。

　職務で納得感と満足感が得られるのが仕事の根源であり、そのことにより適切な「説明責務」を保持することとなる。適切な説明責務を保持していることにより、事故、偽装、不正を防止するためのリスク管理や公益通報者保護制度の適切な取り組みが可能となる。

説明責務と社会的責任（ＳＲ）
　説明責務の重要性については、ＩＳＯ（国際標準化機構）の社会的責任（ＳＲ）

の７原則の筆頭に「説明責任（責務）」を挙げていることからも分かる。なお、企業の社会的責任という場合は「ＣＳＲ：Corporate Social Responsibility」という場合が多い。社会的責任は、全ての組織において重要なこととなっているので、「ＳＲ（社会的責任）」という言葉を使うことも多い。

　企業、組織は、現代社会の重要な構成員である。したがって、単に経済団体であるだけでなく、社会に与える影響に責任を持つ団体である。組織の持続的な発展のためにも、社会的責任は不可欠なものとなっている。ＳＲ（社会的責任）は、国によって取り組みの内容に特徴があるとされている。欧州では、労働問題や開発問題、人権問題にも関心が深い。一方、米国では、有力企業による地域貢献、企業の不祥事に対する社会的責任に対する関心が高いと言われている。日本においては、従来は、法令順守とともに地域活動や住民サービスとしてとらえていることが多かった。

　ＳＲ（社会的責任）は、2010 年にＩＳＯ（国際標準化機構）が「社会的責任に関する手引きＩＳＯ26000」を定めたことで取り組みの基本となる指針が明確となった。これは、全ての組織において、社会的責任について共通の理解を促進することを意図している。この手引きの中で、ＳＲ（社会的責任）の７原則 が示されている。その項目の要旨は以下のとおりである。

①　**説明責任（説明責務）**
　　組織は、自らが社会、経済及び環境に与える影響について説明責任を負う。経営層は、組織の関係者に対して、また、規制当局に対して説明する義務を負う。影響を受ける人々及び一般に社会に対して、報告を行う義務が生じる。不正行為の責任をとること、不正行為を正すために適切な措置、予防するための行動をとることも含まれる。

②　**透明性**
　　組織は、社会及び環境に影響を与える自らの決定及び活動に関して透明であるべき。組織は、自らが責任をもつ方針、決定及び活動について、明確で、正確かつ完全な方法で適切かつ十分に情報を開示すべきである。

③ **倫理的行動**

　　組織の行動は、正直、公平及び誠実という価値観に基づくべきである。人々、動物及び環境に対する配慮、ステークホルダ（利害関係者）に与える影響に対処する努力する。

④ **ステークホルダーの利害の尊重**

　　組織は、自らのステークホルダー（利害関係者）の利害を尊重し、よく考慮し、対応すべき。

⑤ **法の支配の尊重**

　　組織は、法の支配を尊重することが義務であると認めるべき。法の支配は、専制的な権力の行使の対極にある。定められた手続によって正しく執行されていることが前提である。

⑥ **国際行動規範の尊重**

　　組織は、国際行動規範も尊重すべき。国内の法又はその施行が国際行動規範と対立する国々において、組織は、国際行動規範を最大限尊重するよう十分努力すべきである。

⑦ **人権の尊重**

　　組織は、人権を尊重し、その重要性及び普遍性の両方を認識すべき国際人権章典に規定されている権利を尊重し、可能な場合は、促進する。

　このように、ＳＲ（社会的責任）は、大変幅広い分野の内容となってきている。このＳＲ（社会的責任）は、組織全体の指針である。したがって、経営層だけでなく、組織の従事者が心得るべき指針でもある。

　説明責任（説明責務）を１番目に挙げており、内外の関係者や社会に対して、社会、経済、環境への影響について説明する義務があるとしている。それだけでなく、不正行為の責任、不正行為防止に対しても説明する責務があるとしている。また、不正行為を正すために適切な措置、予防するための行動をとることも強調している。これは、まさに、リスク管理の取組みの重要性である。

　３番目に、倫理的行動を挙げている。倫理的行動として、正直, 公平、誠実に行動するべきであるとしている。この「正直、公平、誠実」は、世界的にも

倫理的行動の根幹である。また、環境に配慮することも倫理的行動として挙げていることは大変重要で注目すべきことである。環境保全は、倫理的な行動の柱の１つである。

　わが国においても、近年、ＳＲ（社会的責任）の規範を掲げている企業、組織が多くなっている。具体的な内容項目として、コンプライアンス（法令倫理規範順守）活動、社会規範の順守、リスク管理活動、ＳＲ観点からの各部門の取り組み、グローバルなＳＲ活動推進、社会貢献の展開、環境保全の推進、現地に根ざした海外事業などを掲げている。

　以上のように、業務における「納得感と満足感」を前提にして、業務に対する適切な「説明責務」を保持することができる。この説明責務が基礎となって、事故、偽装、不正を防止するため、リスク管理が能動的に取組まれ、また、公益通報者保護制度も機能することとなる。このような取組みを基盤として、安全文化が醸成され、コンプライアンス（法令倫理規範順守）とガバナンス（統治と責任）が適切の機能することになる。そして、組織の社会的責任（ＳＲ）が果たせることになる。

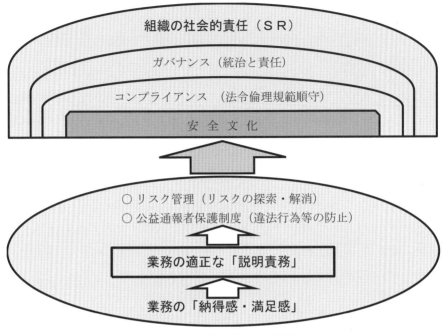

図 11-2　倫理的行動の総合的体系

第12章　過失（不法行為）と注意義務違反

―たかが不注意されど不注意―

民法における不法行為

　業務は、製品やサービスを通じて、社会に貢献し社会の発展に寄与することである。そのため、業務の実施においては、不正をせず、誠実に行われなければならない。したがって、業務の従事者は、社会のいろいろな規範に従わなければならないことを意味する。中でも、業務に関しては、特に、法規範と倫理規範が重要である。なお、道徳規範は個人の内面的な性格のものであるが、倫理規範は社会的な性格が強い。

> 規範（norm）：するな、すべしなどで表現されるもの。是非善悪の判断などの行動の
> 　　　　　　規準・きまり。法規範、倫理規範、道徳規範、習俗規範、宗教規範
> 　　　　　　などがある。

　倫理規範は、社会の法規範と重なる部分が多い。端的にいうと、倫理規範の中で、社会に影響を強く与えるものが明文化して法律となっていると考えられる。したがって、社会の法律を守ることが、倫理規範を守ることの大きな1つとなっている。ただし、法律は、罰則という制裁を前提にし、違法行為、犯罪を防止し、社会秩序を維持する体系となっている。違法行為等を犯した後の強制措置を前提にしている側面が強い。罰則を規定することにより、抑止効果がある。一方、倫理規範は、行動の在り方を示すことにより、不正の実施を未然に防ぐものである。倫理規範は、全般的な不正を未然に防ぐことに大きな効果を発揮する。倫理規範の土台の上に法規範があるものと考えられるが、現代社

会においては、倫理規範と法規範の双方を順守することは必要なことである。

　本書の課題である事故、偽装、不正については、当然、法律規制と密接に関係がある。法律には、大別して、民事法、刑事法、行政法、社会法、経済法などがある。また、都道府県および市町村が定める条例があり罰金等を定めているものもある。通常、業務に関することについては、それぞれの業務を規定する法律が定められていることが多い。個別業務を遂行する場合は、業務の関係法律を順守しなければならないことは当然である。
　一方で、業務全般に関して、倫理的行動と密接に関連するのは民法である。民法は、私人の経済的、家族的な社会生活関係の一般原則を定めた法律である。個人間で、相手に損害を与えれば、民法の規定により損害賠償を求められる。これは、業務を遂行する上でも同じことである。この賠償を請求されることになるのは、民法に規定されている「債務不履行」と「不法行為」である。この2つは、道義的にも許されないことで、倫理的行動にも反するものでもある。この債務不履行と不法行為は、業務を実施する場合にも適用されるので、現場においてもよく心得ておく必要がある。
　ちょっと堅苦しくなるが、最初に、民法の「債務不履行による損害賠償」と「不法行為による損害賠償」の規定を述べる。条文自体は簡潔なものである。

民法の規定（抜粋）

（債務不履行による損害賠償）

第415条　債務者が債務の本旨に従った履行をしないときは、債権者はこれによって生じた損害の賠償をすることができる。

（不法行為による損害賠償）

第709条　故意又は過失によって他人の権利又は法律上保護される利益を侵害した者は、これによって生じた損害を賠償する責任を負う。

　第415条の「債務者が債務の履行をしないとき」とは、簡単に言えば「契約

違反」のことである。業務は、通常、取引相手との契約（約束）を交わしながら実行しているので、この規定は重要である。電話やメールとのやり取りも契約行為である。人間の社会的行動は、何らかの形で意思表示を伴うので、現代社会は契約社会である。その割には、米国などに比べると、わが国は、契約行為の重要性の認識が少ないように思われる。

契約（約束）を実行しなかったときは、損害賠償を請求されるという規定である。そもそも、約束を守らないのは、不誠実であり倫理的行動としても避けるべきことである。業務においては、契約を守らなければ相手に不利益となり損害を与えることになるから、損害賠償を要求されるのは当然のことである。したがって、業務の取引の契約では、文書で行う場合でも口頭で行う場合でも、相互の理解が不一致にならないようにして、事後にトラブルが起こらないようにすることは基本中の基本である。成立した契約は誠実に実行しなければならない。

業務上の契約違反は、不可避的な災害にあったなどの特別な場合を除いて、契約を実施しなかった者に責任があることは言うまでもない。相手が被った損害の賠償を求められるのはやむを得ないことである。契約違反は倫理上も良くないことは明確である。契約違反についての理解と取り扱いについては、まぎらわしいことはあまりない。

一方で、第 709 条に規定されている「不法行為」は、具体的にどういうものか漠然とした感じがすることは否めない。「違法」との区別もはっきりしない。語感からして、違法は特定の法律にそむくことで、不法は法律だけでなく広く法秩序にそむくというように感じられるが、必ずしもそうではない場合もある。また、「不当」は、適切でないことで、法には違反していないが、制度などからみて適切でないことも含まれる。なお、本書でもよく使っているが、「不正」は、正しくないこと、悪いことで、一般的な言葉である。特定の法律的な定義があるものではない。また、不正によく似た言葉に、「不祥事」があるが、これも良くないことであるが、困った問題という意味合いが強い。

民法第 709 条の不法行為に戻ると、条文に「他人の権利又は法律上保護され

る利益を侵害」と規定されている。このことから分かるように、他人の権利・利益を侵害したことであり、法律で明記された権利は当然であるが、法的に保護の対象になり得るものもすべて含まれる。この不法な行為の適用範囲が大変広いのである。したがって、業務上はもちろん、日常生活の上でも、不法行為の発生は容易に起こりえるものである。また、この不法行為は、健康、人身に対する被害だけでなく精神的な被害も入る。したがって、当人に自覚があまりない場合でも、相手が利益・権利を侵害されたと受けとめれば、不法行為で損害賠償を求められることがある。このため、不法行為については、十分な配慮と注意が必要である。

　次に、不法行為を成立させる要件として、同第709条に「故意又は過失によって」と規定されている。「故意」とは、自分の行為が他人の権利等を侵害されることを知りながら、あえてそれを行うことである。意図的にわざとやったことで、日常でも使うことがあり、分かりやすい行為である。
　一方、「過失」とは、注意を怠ったことにより損害発生が回避できなかったことをいう。注意を怠るということは、自分の行為が他人の権利等を侵害されることを認識できたはずであるという前提があるとされる。予見義務違反、注意義務違反、損害回避義務違反とされている。故意は知っていてあえて行うこと、過失は知らなければならないのに不注意で行うことである。いずれにしろ、相手に損害を与えたことは共通している。故意と過失は意味合いが区別されているが、被害者からすれば、故意であろうと過失であろうと受けた損害は償ってもらいたいことには変わりない。
　故意は自覚があって事故等をおこすことで、責任をとらなければならないことは当然であり弁解の余地がない。過失の場合は、不注意で事故等が起きた場合であるので、よほど不注意には気を付けなければならない。注意義務を怠ることで、事故等が起きたら、損害賠償を請求されることになる。業務においては、よくよく注意して事故等が発生しないようにすることが必要である。注意義務の徹底は、事故等を防止するために、倫理的行動としても大変重要なことである。このためにも、前から説明しているように、日常的に注意深くして、

リスクを探索してリスクの解消に努力しなければならない。

専門業務は高レベルの注意義務

　過失は、「注意義務違反」であるが、具体的に、どの程度の注意をしなければいけないのかが問題となる。一般的にいう注意義務は、「一般人が事物の状況に応じて通常なすべき注意を怠ったこと」とされている。普通の大人が注意しなければならない注意を払わなければならないのは当たり前のことである。しかしながら、業務に関係して、民法の不法行為で規定されている注意義務は、レベルが一段階と高いものが要求される。その人の従事する職業、属する地位、状況に応じて、通常に要求される高いレベルの注意義務が要求される。

　つまり、専門業務であれば、専門レベルの注意が要求されるということである。そして、危害を予防するのに必要な一切の措置を講じなければならない。素人（しろうと）のように、全然気が付かず何もしませんでしたでは、通用しないのである。大丈夫だと思って、あんまり危害防止措置を採りませんでしたでは通用しないのである。なお、刑法でも、業務上過失致死傷罪が規定されており、「業務上必要な注意を怠り、よって人を死傷させた者」は処罰される。

　民法の過失に関しての注意義務について、どのレベルのものが求められるか、具体的な裁判の判例での要点を紹介する。

化学製品製造企業の場合（1971 年）

　化学企業が排水を河川等に放出する場合においては、最高の分析検知の技術を用い、排出中の有機物質の有無、性質、程度等を調査し、このために、生物、人体に危害を加えることのないよう万全の措置をとるべきである。

建築士の場合（2003 年）

　建築士は、建築士法及び建築基準法上の諸規定による規制の実効を失なわせるような行為をしてはならない法的義務があり、故意過失により、反した場合、それにより損害を被った建築物の購入者に対し、不法行為責任を負う。

　この判例でも明確なように、専門企業はその専門性を最大限に発揮し、危害

の発生を防止すること、専門家は関係の法規定を熟知し厳格に厳守すること、が重要である。このように、専門企業、専門家は専門としての高度なレベルの不断の「注意義務」が必要である。職業人はプロであるので、プロとしての知見の向上につとめ、プロレベルの注意義務を怠ることがないようにしなければならない。業務においては常に専門家としてのレベルの注意義務を発揮し、必要で適切な対策や措置、すなわちリスク管理を行うことが必要である。適切な防止措置を講ずれば、未然に事故や不正の発生が防がれることになり、不法行為として訴えられ損害賠償を要求されることはないのである。

不法行為の事例と教訓

　民法に定める不法行為等に関する法的責任が問題となった事例は多いが、ここでは 1968 年に発生した食用米ぬか油（以下、「食用油」と言う）の油症事例について説明し、教訓等を考える。この事例の経緯は次のとおりである。

・1968 年に、食用油を摂取したことにより、吹き出物など特異な皮膚症状、肝臓疾患などの訴えがあり、多数の患者が続出した。

　摂取した食用油に塩素含有量が異常に高いことが判明し、原因は食用油に混入した化学物質ＰＣＢ（ポリ塩化ビフェニル）によるものと断定された。その後、ＰＣＢにダイオキシン類が含まれていたことが判明している。

・ＰＣＢは、食用油の製造工程（加熱脱臭工程）において熱媒体として使用していたものである。このＰＣＢが食用油に混入したものとされた。

・このころ、養鶏場で鶏の大量の斃死が発生していた。国の検査機関が飼料について立入り検査したが、検査では原因物質は不明であった。その後、同じ製造工場の食用油製造工程の副産物（ＰＣＢが混入）が、鶏の飼料に配合されていたことが判明した。

　この油症事例については、被害者から損害賠償等に関する訴訟が複数出された。その中の訴訟事例で過失（注意義務違反）に関する判決（抜粋要旨）は以下のとおりである。

民法上の損害賠償請求の判決事例（要旨）

・食用油製造工場の会社に対して、「食品製造販売業者として、原因を解明し、未然に防止すべき極めて高度の注意義務を負っている」という旨の判決があった。なお、最終的には和解となった。

・ＰＣＢを供給した会社も責任を問われ、「ＰＣＢという合成化学物質の特性や取り扱い方法を需用者に充分周知徹底されるべきで、注意義務違反があった」という旨の判決があった。なお、その後、和解が成立している。

刑法上の判決事例（要旨）

・食用油製造工場の工場長は製油関係の責任者として、業務上過失傷害の罪が問われた。判決要旨は、「ＰＣＢの物性及び有害性に関する認識や理解の不足、特に人の健康に対する影響に思いを至さなかったことが大きな原因をなしている」とされ、有罪となった。

・厳しい判決となった。現場の最高責任者として、心中はいかなるものであったろうか。

・食品製造工場の会社の代表も訴えられた。判決要旨は、「ＰＣＢに関する直接的な注意義務はもちろん、その監督者としての注意義務も存在しなかった」とされた。代表は組織の最高責任者であるが、判決は無罪であった。

国家賠償法上の判決事例（要旨）

・飼料検査機関の国も賠償責任を問われた。「対応した公務員がそれぞれの義務を尽くしていれば、被害の拡大は阻止でき得た」という判決もあった。

・食用油と直接関係ないが、関係あるものとして訴えがあった。その後に、原告（被害者）側は、訴訟を取り下げた。

　この油症事例は、被害者の救済措置等が大きな社会的な問題となったことから、2001 年にＰＣＢ特別措置法、2007 年に仮払金返還債権免除法、また、2012 年に油症救済法が制定された。

　前述のように、民事の裁判では、損害賠償を求める法律要件となる過失（注意義務違反）について審理された。いくつかの判例では、食用油に異物であるＰ

ＣＢが混入しないように高度の注意義務を果たさなかったことが厳しく問われた。異物混入リスクに対するリスク管理が不備であったことである。この事例では、有害物質の混入が、食品の原材料から混入したのではなく、食品製造工程で使われていた化学物質であった。このように、異物の混入リスクは、工場内の広い範囲にあるということが教訓とされる。食品への異物混入のあらゆる可能性については最大の注意を払わなければならない。

また、本事例では、ＰＣＢが食用油に混入した原因は、最終的には、修理工事の不備であったとされた。修理工事の不備がＰＣＢの漏出を誘発したことになる。修理工事の完了点検は厳重に行わなければいけないことも教訓である。これに関連し、製造過程においてＰＣＢ使用量増減の変化についても、注意を払う必要があったことも教訓である。製造過程で通常と異なる状況については、早期に発見し早期に対策を講じることが肝要である。また、大量の鶏の斃死の情報が活かされなかったことも指摘された。

小さなこと、関係ないことと思われることでも、注意を怠ると大きな事故に発展する。業務においての過失（注意義務違反）は、民法や関係法で損害賠償を求められ、また刑法の過失致傷罪を問われることになる。まさに「たかが注意、されど注意」である。常に注意を怠ることなかれ、というのが共通の教訓である。言葉を換えれば、あらゆるリスクを探索認識し、高度なリスク管理の徹底を図ることである。

油症事件の原因物質であるＰＣＢは、この事例を契機にして、化学物質のあり方について一石を投じた。

当時、ＰＣＢは耐熱性、電気絶縁性が高く、安定性があり優れた物質であるとされていた。電気機器の絶縁体としてもよく使われていた。ＰＣＢ（ポリ塩化ビフェニル）は、下記のように２つのベンゼン環と塩素から成る。また、毒性が最も高いとされているダイオキシン類は２つのベンゼン環と塩素と２つの酸素からなる。両者はよく似ている構造をしており、ＰＣＢの加熱によりダイオキシン類がわずかに生成されるとされる。

優れた物質として開発された化学合成物質ＰＣＢは、その後、有害物質とさ

れ、製造、利用が禁止され、回収・処理されている。このように化学物質の開発は利便性だけでなく安全性の確認が最も重要である。なお、ＰＣＢは、安定性が高いため、逆に、分解処理等を行うのが容易でない。また、ダイオキシン類は、生ごみ、落ち葉等の焼却によりわずかに生成されることがある。現在、ダイオキシン類の環境基準濃度が設定されており、環境監視されている。また、化学物質については、厳格な安全性評価、利用状況の把握の徹底（トレーサビリティ）が図られるようになった。

過失がなくても責任を負う無過失責任

　前述のように民法の不法行為は、故意・過失によって損害が発生した場合に、損害賠償を負うものである。過失があってこそ責任が生じるというのが原則である。注意措置を怠った場合に、損害賠償責任が生じるというのは当然である。一方で、この過失責任主義を一部修正した規定が民法にある。「使用者責任」「工作物の所有者責任」である。この規定の内容は次の通りである。

① 　使用者等の責任 （民法 715 条）
　　例えば、会社（使用者）の従業員（使用される人）が、業務を実施中に、過失によって相手に損害を与えてしまった。この場合、使用者である会社も損害を賠償する責任がある、というものである。会社自体は、直接に過失で事故等を起こした当事者ではないが、賠償責任をとらなければならないことになる。

② 　土地の工作物等の占有者及び所有者の責任 （民法 717 条）
　　例えば、家のブロック塀が不完全な点（瑕疵）があって倒壊して、他人にケガをさせてしまった。この場合、最初にブロック塀の占有者（借家人、管理人）が

損害賠償の責任を負う。ただし、この占有者がブロック塀を倒れないように十分な注意措置をしていた場合は、ブロック塀の所有者が最終的に責任を負うというものである。この場合、所有者は、自分には関係なく過失がないと主張しても責任は免れない。

　以上のように、直接の過失をした当事者でなくても責任をとらなければならない場合がある。これは、1つは、加害者サイドとして、事故等に直接関与していないが、責任ある立場にいるということが考えられる。2つは、被害者サイドにとっては、損害賠償を得ることを容易にするためのものであると考えられている。このように、無過失責任に近い規定があることを承知しておくことが必要である。

　次に、不法行為に関した民事訴訟において不法行為で損害賠償を請求するために、訴訟を起こした場合、相手の不法行為を証明（立証、挙証）するのは、一般に訴えた原告、つまり被害者にある。原告が、証明しなければ相手の不法行為を裁判所が認めてくれないからである。なお、行政事件訴訟では、相手が、国、地方自治体であることもあり、証明責任が、相手か原告（訴えた方）にあるかは一律ではない。また、高度で複雑な技術に関係することで被害が発生した場合、被害者側が、相手側の「過失」や被害発生に至る「因果関係」を証明することは著しく困難である場合が多い。このような場合、証明のためには、裁判が長期間となり経費負担も大きくなることが多い。このため社会的責任性、裁判の公平性などの課題が生じることもある。

　このようなことから、近年、相手の過失を証明しなくても被害さえあれば損害負担を認める法律も出ている。この無過失責任が設定されている法律の例として、水質汚濁防止法がある。水質汚濁防止法は、環境汚染が社会的問題となった背景として、公害防止の強化のため、1970年に制定された。当時、全国の多くの河川、湖沼、港湾、沿岸海域などが汚染され、いわゆるドブ川と呼ばれた。
　このため、水質汚濁防止法は、工場、事業場からの排水と地下浸透水を規制

することにより、公共水域と地下水の水質汚濁の防止を図ることを目的とした。特記すべきは、工場及び事業場から排出される汚水や廃液によって健康被害が生じた場合に、事業者の損害賠償の責任を定めて被害者の保護を図ることを目的としたことである。

これを受けて、水質汚濁防止法（第 19 条）に「無過失責任」を規定している。この条文は以下のとおりである。

第 19 条（無過失責任）

　工場又は事業場における事業活動に伴う有害物質の汚水又は廃液に含まれた状態での排水又は地下への浸透により、人の生命又は身体を害したときは、当該排出又は地下への浸透に係る事業者は、これによって生じた損害を賠償する責めに任ずる。

このように、「人の生命健康を害したときは、事業者は、これによって生じた損害を賠償する責任がある」と規定されている。ポイントは、民法の規定のように「故意又は過失によって」という文言がないことである。このことにより、故意又は過失は賠償責任の成立要件でなく、被害者は排水による被害を証明すれば、損害賠償を得ることが可能となる。被害による損害賠償を求める訴訟は迅速に行うことができる。逆に、水を扱う事業者にとっては排水について有害物質が混入しないように細心の注意が必要である。

これとは別に、水質汚濁防止法には、「直罰」と呼ばれる罰則規定がある。この関係の規定は以下のとおりである。

第12条（排出水の排出の制限）

　排出水を排出する者は、その汚染状態が当該特定事業場の排水口において排水基準に適合しない排出水を排出してはならない。

第31条（罰則）

　1　第 12 条の規定に違反した者は、6 月以下の懲役又は 50 万円以下の罰金に処する。

　2　過失により罪を犯した者は、3 月以下の禁固又は 30 万円以下の罰金に処する。

このような直罰規定で、排水基準に適合しない排水を排出した者は、有無を言わさず懲役または罰金の重い罰に科せられる。なお、過失（不注意）による場合は罪が少し軽くなっている。

なお、排水基準は、有害物質の許容限度を定める「健康項目」と水の汚染状態の許容限度を定める「生活環境項目」がある。主な有害物質と汚染状態の主な項目は以下のとおりである。

> **健康項目**：カドミウム、有機リン化合物、6価クロム、アルキル水銀、PCB、ベンゼン
>
> **生活環境項目**：pH、BOD、COD、窒素含量、リン含量、浮遊物物質（SS）、大腸菌群数

違法な排水には、無過失責任と直罰が規定されていることから、特に、生物系産業において、現場においても排水については細心の注意が必要である。もともと生物系産業は、良質で大量の水を使用する産業である。水の恩恵を受けている産業である。したがって、厳しい法規制があるから汚水を出さないのではなく、法規制以前に、「大切な水を汚さない」というのは、生物系産業においての倫理規範の基本で重要なものである。

また、原子力損害賠償法（1961年制定）においても、無過失責任が規定されている。「原子炉の運転等により原子力損害を与えたときは、原子力事業者がその損害を賠償する責めに任ずる（第3条）」と規定しており、事業者の無過失責任が定められている。この法律は、原子力事故の特殊性に鑑み、特例的に定められたものとされている。

一般的で本格的な無過失責任を定めた法律としては、製造物責任法（1995年施行）がある。これは、モノづくりに関係する業者としては、大変に重要な法律である。この製造物責任法については、次章で述べることにする。

○**不法行為**：故意・過失により他人に損害を与えるあらゆる行為
○**過失**：損害発生回避のための注意義務を怠ったこと

●**不法行為による損害賠償**（民法７０９条）
故意又は過失によって他人の権利又は法律上保護される権利を侵害した者
は、これによって生じた損害を賠償する責任を負う。

★ 専門業務の注意義務は、一般に比べて、専門としての高いレベルの
注意義務が必要。

◎損害発生による損害賠償を避けるためにも
「高度な注意義務の徹底（リスク管理の徹底）」

図 12-1　注意義務の徹底（不法行為の回避）

第13章　製造物責任法（PL法）とリコール
―欠陥のない安全なモノづくりが重要―

製造物責任法は欠陥責任

　前章で述べたように、民法に規定する不法行為については、加害者に故意、過失があることが要件である。加害者である相手に故意、過失があったかどうかの証明責任は、被害者側にある。法律上に特別の規定がない限り、不法行為の相手方の故意または過失を主張する者がそれを証明する責任を負う、とされている。

　一方で、現代の製品は、高度で複雑な技術によって作られるものが多く、被害者が、事故に至るまでの相手のミスや因果関係を正確に説明することは困難となって来ている。被害者が、その製品の製造業者の「過失」を証明するため、相当な努力と時間と経済的な負担が必要なことが多かった。このため、被害者の救済が円滑に進まない場合も出ていた。

　海外においては、米国では早くから、消費者運動の影響を受け、製品による事故の損害賠償については、過失を要件としない判例が多く出され、法定化されていた。ヨーロッパでも、1985 年に過失を要件としない製造物責任に関するＥＣ指令が出されるなど、各国で立法化が進展し、法律が制定された。わが国においても、製品の事故に関する損害賠償の訴訟は、加害者の過失を問うより、製品そのものの不具合を問う訴訟が多いという実態もあった。

　これらの海外及び国内の動向を受け、日本においても 1994 年に製造物責任法（ＰＬ法）が成立した。なお、ＰＬとは、Product Liability の略である。

　このＰＬ法は、一般製品はもとより、食品も対象としており、食品関係の製

造関係業者にとっても、大変重要な法律である。

　この製造物責任法（ＰＬ法）の条文は、条文数が比較的少なく簡潔な法律である。前章に説明した民法の不法行為との関係では、不法行為の要件である「過失責任」に代えて製品の「欠陥責任」としたことである。この意味では、ＰＬ法は、民法の特別法であり、注目すべき法律であると言える。ＰＬ法によって、製品事故に対する被害者の救済について、法的なハードルが低くなった。一方で、製造業者にとっては、今まで以上に、欠陥のない安全な製品づくりが必要となった。

　製造物責任法（ＰＬ法）の主要な条文は次の通りである。条文数は多くなく、表現も簡潔である。本法律の背景を踏まえれば、本法律の意義と内容を理解することは容易である。物づくりに関わる者、関係業界においては、承知しておくべき法律である。

製造物責任法（1995 年施行）の概要（要旨）

目的（第１条）

　製造物の欠陥により人の生命、身体又は財産に関する被害が生じた場合における製造業者等の損害賠償の責任について定めることにより、被害者の保護を図ること。

製造物の欠陥（第２条の１及び２）

　当該製造物（製造又は加工された動産）の特性、その通常予見される使用形態、引き渡した時期などを考慮して、当該製造物が通常有すべき安全性を欠いていること。もって、国民生活の安定向上と国民経済の健全な発展に寄与すること。

製造業者等（第２条の３）

　当該製造物を業として製造、加工又は輸入した者（製造業者）、製造業者として氏名等の表示をした者などをいう。

製造物責任（第３条）

　製造物が、その引き渡したものの欠陥により他人の生命、身体又は財産を侵害したときは、これによって生じた損害を賠償する責めに任ずる。

賠償の責めに任じない場合（第４条）

・当該製造物を引き渡した時における科学又は技術に関する知見によっては、当該
　製造物にその欠陥があることを認識出来なかったこと
・当該製造物が他の製造物の部品又は原材料として使用された場合で、他の製造業
　者の設計の指示に従ったことにより生じ、かつ、欠陥が生じたことにつき過失が
　ないこと。

　ＰＬ法の目的にあるように、製造物の欠陥により被害が生じた場合には、製造業者等は賠償責任があり、被害者の保護を図るものである。要件は、製造物の欠陥とこれにより被害が生じた場合、と規定している。故意、過失要件が定められていないことで、無過失責任となっている。損害賠償の発生を無過失責任としたことにより、被害者の保護を図るとしているところに大きな特徴がある。

　また、併せて、「国民生活の安定向上と国民生活に健全な発展に寄与すること」も目的としている。製造物の欠陥による被害の防止を図ることは、事故や被害の発生がない安全な社会を実現し、国民生活と国民経済の発展のために重要なことである。したがって、製造業者は、製造物の欠陥の発生については国民生活と経済発展のためにも、厳に抑制するようにしなければならない。

製造物責任法のポイント

　製造物責任法は、故意又は過失を損害賠償責任要件とした民法の不法行為の特則として、欠陥を責任要件とする損害賠償責任を規定したものである。この損害賠償責任が生じるためには、製造物が引き渡されること、欠陥が存在していること、他人の生命・身体・財産を侵害し損害が発生していること、そして、欠陥と損害の因果関係があることが要件となっている。

　以前から、製品の事故に関する判例の多くは、自動車、機械、ガス器具などの製品で、過失の前提としての欠陥の有無が争点になることが多かった。製造業者の過失（注意義務違反）という人的な事情はあまり問題とされていなかった。このような判例の状況からも、製品の欠陥だけを賠償責任とした製造物責任法は、訴訟の実態にも沿ったものであると言える。製造業者等の行為でなく、製

品の性状に焦点を当てた方が、訴訟における争点の拡散を防ぎ、単純化、明確化し、審理を迅速化できるという利点がある。また、製造業者には、以前から安全に関する諸法律等で、高度な注意義務が課せられていたが、製造物責任法の創設により、製品の欠陥の防止の重要性が客観的に法的にも明らかになった効果もある。

　製造物責任法の内容のポイントを列記すると次の通りである。

ア．趣旨

　第1条に、「製造物の欠陥により人の生命、身体又は財産に関する被害が生じた場合における製造業者等の損害賠償の責任について定めること」とある。ここに規定しているように、製造物の欠陥により被害が生じた場合に、損害賠償の責任があると明記した。損害賠償の要件は、「過失」でなく製品の「欠陥」とした。欠陥責任が明記された。

　被害者は、「製品の欠陥の存在」と「欠陥と被害との因果関係」さえ証明すれば損害賠償を求めることができる。被害者の方から、加害者の過失は証明しなくてよいことから、被害者側の訴訟における証明の負担が大幅に軽減されることになる。一方で、加害者側は過失（不注意）があってもなくても、製品の欠陥があれば賠償責任が生じるのである。

イ．製造物の欠陥

　「製造物」とは、製造又は加工された動産と定義している。動産とは、普通にいう「物」であり、サービスや土地・建物の不動産は除かれている。「欠陥」とは、当該製造物が通常有すべき安全性を欠いていること、と定められている。安全性と関係のない品質やデザインなどは含まれないこととなっている。具体的な、欠陥は以下の3つのカテゴリーがある。

　1つは、製造上の欠陥である。製造物の製造過程で粗悪な材料が混入、製造物の組み立てに誤りがあったなどの原因で、設計・仕様通りにつくられず安全性を欠く場合である。

　2つは、設計上の欠陥である。製造物の設計段階で十分に安全性を配慮しなかったため、製造物が安全性に欠ける結果となった場合である。この設計上の欠

陥は、設計の段階から、製造者の安全性に関する選択と配慮が欠けていたもので、製造業者の安全に対する倫理的規範的な姿勢が問われることになる。

　3つは、指示・警告上の欠陥である。有用性ないし効用との関係で除去しえない危険性が存在する製造物について、その危険性の発現による事故を消費者側で防止・回避するに適切な情報を与えなかった場合である。この必要な表示の欠陥も十分に注意すべきことである。

ウ．製造物の特性

　安全性で考慮される製造物の特性とは、①事故を避けるための表示、使用上の指示・警告等の適切性　②製造物の効用・有用性の内容及び程度　③価格対効果として同価格帯における平均的な安全性の事情　④被害発生の蓋然性とその程度　⑤製造物の通常使用期間・耐用期間などである。

エ．製造物責任の発生

　製造物責任は、引き渡した製造物の欠陥によって、他人の生命、身体又は財産を侵害した時に、生じた損害を賠償の責任が生じる。無過失責任で欠陥責任である。

オ．製造業者等

　製造業者とは、その製造物を業として製造、加工又は輸入した者、また、製造業者として氏名等の表示をした者などをいう。

カ．責任をとらなくても良い場合

　賠償の責めに任じない場合の1つとして、当該製造物を引き渡した時において、「科学又は技術に関する知見」によっては、その製造物に欠陥があることを認識出来なかったこと、と定められている。これは、その時の科学又は技術の知見では欠陥を知り得なかった場合である。その時の技術知識を駆使しても予見できなかった時である。これは、新しい技術による新製品の開発意欲を阻害しないように定められた規定であり、世界的に認められた規定とされている。

　これは、開発危険の抗弁といわれているもので、その時点における科学・技術的知識の水準では、そこに内在する欠陥を発見することが不可能な危険をいう。製造業者に開発危険の責任を負わせると、研究・開発及び技術開発が阻害され、ひいては消費者、社会の利益を損なうことになるので、免責したものである。そ

の時点における利用できる最高の科学・技術の知識の下で、説明、立証が展開される
ことになり、争点が拡散されず、審理が迅速化される効果がある。

　もう１つは、当該製造物が他の製造物の部品又は原材料として使用された場合
で、他の製造業者の設計の指示に従ったことにより生じ、かつ、欠陥が生じたこ
とにについて過失がない場合である。これは、直接の製造業者本人の責任がない
からである。

キ．消滅時効

　消滅時効は、民法改正法の施行に併せて 2020 年 4 月 1 日より改正された。被
害者等が損害及び賠償義務者を知ったときから 3 年間行使しないと損害賠償の
請求権は消滅する（短期消滅時効）。また、製造物を引き渡した時から 10 年を経過
したときも損害賠償の請求権は消滅する（長期消滅時効）。

　特に重要なことは、製造物の欠陥である。欠陥にある製造物が消費者に渡れ
ば、被害が発生し損害賠償を支払うことになる。したがって、当然ではあるが、
欠陥のある製造物をつくらないことが不可欠である。ＰＬ法があろうがなかろ
うが他人を害する製品をつくらないことは、倫理的にも厳守すべきことである。

欠陥のない安全な製品づくり

　ＰＬ法のポイントを要約すると、無過失責任制度で、製造物の欠陥により、
他人の生命、身体または財産を侵害したときは、これによって生じた損害を賠
償する責任が発生することである。被害者は、受けた被害が、製造物の欠陥に
起因していることだけを証明すれば損害賠償を求めることができる。相手の故
意・過失を証明しなければならない民法と大きな違いである。

　一方、製造業者は、ＰＬ法による損害賠償責任を回避するには、欠陥のない
製品を製造することが強く求められることになる。そのためには、繰り返しに
なるが、製品製造において、①製造工程の不備、ミスをしないこと、②設計は
安全性を最重点にすること、③危険を防止するための表示・説明書を完備する
ことの３点が大変に重要となる。安全な製品をつくり、適正な使用説明を付け
ることは、当たり前のことではあるが、今まで以上に、欠陥については細心の

注意を図り、使用上の説明書においても丁寧なものとする必要がある。

　ＰＬ法は、製造物の欠陥責任ついて定められた法律であるが、本来の狙いは、消費者の保護とともに、欠陥のない安全な製品づくりを狙いにしているものである。その意味で、ＰＬ法の趣旨は、本書が課題としている事故、偽装、不正を防止し安全な社会を実現するという倫理的行動の重要性の趣旨と同様であると言える。

　米国ではＰＬ法の訴訟は大変多いが、わが国においてもＰＬ法による訴訟も増えてきている。工業製品関係の訴訟が多いが、生物系産業の産業においても、食品関係などについて多種の訴訟の例がある。その中でのいくつかの事例は次のようである。

こんにゃくゼリー幼児死亡事例

- こんにゃくゼリー商品をのどに詰まらせて幼児が死亡した事故が発生した。食品に欠陥があったとして製造物責任法（ＰＬ法）に基づいて、損害賠償を求めて訴えた。
- 事例判決によると、通常のゼリーと食感が異なることは消費者も十分認識できたこと、外袋に子供や高齢者への注意を呼びかけるイラスト入りの警告表示があったことなどにより、通常の安全性を備えており欠陥はないとされた。
- この事例は、丁寧で万全な表示、警告文がいかに重要であるかを示している。
- なお、一般的に、食品による窒息事故は、もち、パン、ご飯（おにぎり）、魚介類、肉類、果実類、すし、アメ、団子、ミニカップ入りゼリー、こんにゃくなどによるものが多い。ブドウがのどに詰まって幼児が窒息する事故も発生している。十分に注意する必要がある。

石鹸アレルギー発症の事例

- ある石鹸を使用した人に小麦アレルギー発症が起きた。原材料に使った小麦由来の成分が粘膜に付着したことにより、アレルギー症を誘発したと言われる。被害者が、製造物責任法（ＰＬ法）に基づき、販売会社、製造会社等を相手に提訴した。
- 石鹸を使用しているうちに小麦アレルギーがない人も小麦由来成分に反応する抗

体ができて発症したといわれている。商品の自主回収（リコール）と消費者への注意喚起が遅かったのではないかという指摘もあった。

・この事例は、健康被害の発生メカニズムは当初不明であったが、使用した製品（石鹸）に起因するものであることが明確であったことから、製造物責任法（ＰＬ法）で提訴したものである。

魚料理による食中毒等の事例

・魚（イシガキタイ）料理による食中毒が訴えられ、料理もＰＬ法に定める加工であるとされ提訴された事例もある。

・また、農業生産資材である培養土の使用により、苗の生育障害が発生したとする訴訟が出された。培養土に生育障害の原因となる物質が混入されていたと訴えられた事例である。

このようにＰＬ法に基づき、食品、農業関係においても訴訟が出されている。また、事例のように、事故となった欠陥のメカニズムは明確でなくても、その製品の欠陥で被害を受けた場合は、ＰＬ法の訴訟対象になる。どんな分野の製品であっても、欠陥の種類と大小を問わず、細心の注意を払って製造することが必要である。

ＰＬ法とリコール（製品の回収）

リコールとは、製品に欠陥があることが判明した場合に、法令の規定や製造者・販売者の判断で、回収・無償修理・交換・返金などの措置を行うことである。最近では、食品をはじめいろいろな種類の製品で、自主的な製品回収（リコール）が多くなっている。これは、前述のＰＬ法（製造物責任法）が施行され、製品の欠陥により、消費者が受けた被害の損害賠償を求められこととなったことの影響も大きいといわれている。加えて、消費者が、製品の欠陥、事故等について以前より厳しくなっており、消費者の安全・安心の意識が高まっているという背景がある。

一方、製造業者、販売業者においては、欠陥がある製品を製造・販売した場合、消費者の信頼を失いイメージが大幅にダウンし、販売に影響することが多

くなっている。このため、問題のある製品を早急に回収し、消費者の信頼を回復しようとする対応が多くなっている。欠陥のある製品を作らないことが最優先であるが、欠陥のある製品が出た場合は、初期に早期に製品回収（リコール）することは、被害を抑え、影響を大きくしない上で大変重要となっている。

　リコールには、法令に基づくリコールと、製造者・販売者による自主的なリコールに大別される。法令によるリコールには、代表的なものに、消費生活用製品安全法によるリコールがある。対象となる消費生活用製品とは、一般消費者の生活の用に供される製品である。他の法令で個別に安全規制が図られている製品については、この法令で除外している。

　事例としては、一酸化炭素中毒の発生による危険性があることから温風暖房機やガス湯沸し器をリコールした例がある。また、リコールを届けていた加湿器が原因の火災事故の発生もあり、早期にリコールされていれば防げた可能性のある事故であった。このため、リコール情報を、末端消費者までに早期に確実に届ける方法の重要性が指摘された。このように、電化製品等で、火災や死亡事故となったものがあり、早期のリコールの重要性が指摘されている。重大な製品事故が発生した場合、製造・輸入事業者は、速やかに国に報告しなければならないことになっている。国は、必要があると認められるときは、その製品、事故の内容等を迅速に公表することにしている。

　また、道路運送車両法に基づく自動車（オートバイを含む）のリコール制度がある。自動車が安全上や公害防止上で、規定・基準に適応していない、又は適応しなくなる恐れがある場合などに、自動車メーカー等がリコールするものである。エアバックなどの部品に関わるリコール、また、検査不正に関わるリコールなどが行われた。自動車は大量の台数が出回っており、また、共通部品は各車種で使用されており、リコールの影響は大変に大きい。特に自動車のブレーキや部品などの不具合は人命にもかかわるので、速やかなリコールが必要である。

　食品等については、薬機法、食品衛生法などにより、有害物質や基準値違反が認められた場合、保健所（都道府県、政令指定都市）、国からの回収の指示が出される。これも、広い意味で、リコール（製品回収）である。

　さらに、特定の法律に基づかない自主的なリコールもある。日用品、器具、機械類で、品質に問題がある場合に実施されることが多い。この場合、品質等の欠陥や不具合などの問題が起きても、リコールを実施するかどうかは製造及び販売企業の判断に任されている。このため国は、リコールの共通指針を示し、法律に規定されていなくても、あらゆる製品について素早い措置をとるよう指導している。このように、多くの製品等の安全、安心を確保するために、速やかなリコールが行われている。

　リコールは、法律での定めがあってもなくても、国民の安全・安心に関わり健康に影響する製品については、欠陥が判明すれば一刻も早く回収するべきであることは当然である。ただし、リコールは事後的な措置であり、リコールをしなくてもよいように、欠陥のない安全な製品づくりが本来の姿であることは言うまでもない。

食品関係リコールの例

　食品関係のリコールは、必ずしも法律で定められていない場合もあるが、近年、自主的に食品リコールを実施する場合も増えている。これは、安全・安心に対する国民の関心の高まりを背景に、食品関係は、健康に直結するということから、早期のリコールを実施することが増えてきていると考えられる。

　食品リコールは、毎年のようにあるが、比較的大規模な食品リコールの事例は次のとおりである。

ポテトチップスのリコール

　2012年、ポテトチップス商品を自主回収した。これは、小さなガラス片が混入したものである。原因は、製造工場内のガラス器具が割れたものとされた。

焼きそば製品のリコール

　2014年、即席麺（焼きそば）に異物（昆虫の部位）が混入したとして、速やかに全商品を回収した。操業を停止し、その後、製造工場の設備改善を図り、食品安全の徹底化を図った。

　これらの事例は数多くある中の事例であるが、食品リコールは、異物の混入の場合が多い。ガラス片、金属片、針金、プラスチック片などの異物は、大変危険で健康に直結するので、速やかなリコールが必要である。同時に混入防止のため、早期の原因解明と十分な品質管理が必要である。また、ゴム片、昆虫部位、髪の毛などの異物混入については、製造過程の衛生管理の不備が大きな問題となる。食品は、食中毒の発生、アレルギー症の発症など健康に大きな被害をもたらすものであることから、速やかな食品リコールは大変重要である。特に、食品の異物混入については、情報化社会においては、情報拡散のスピードが大変早く社会的な問題となることが多いので、速やかな食品リコール等の対策が重要となっている。

　食品のリコールが遅れると大きな問題に発展し、人的経済的な負担が大きくなり、信頼も失い関係商品の売り上げも落ちることが多い。食品リコールは、リスク管理、危機管理における重要な対応でもある。

●製造物責任法
「過失責任」から「欠陥責任へ」
○製品の欠陥（安全性を欠くもの）による被害発生で損害賠償が求められる。
○製品の欠陥とは
　①設計上の欠陥　②製造上の欠陥
　③使用上の指示・警告の欠陥
○製造業者が故意・過失がないことを主張できない。

●欠陥のない安全な製品づくりへ
・製品の設計、仕様は安全で適正なものに。
・安全設計、仕様を守り、適正な原材料、部品等を使用。
・製品使用における危険性の防止、回避のための説明・警告の表示掲載等を徹底。

●リコール（製品回収）
・消費者へのスピーディで丁寧な対応
・欠陥製品、問題製品の早期回収の実施
・消費者の被害防止と信頼確保

図13-1　欠陥のない安全な製品づくり

第14章　食の安全品質管理と農業の生産工程管理
―安全品質管理のためのＨＡＣＣＰ、ＧＡＰ―

サンプリング手法による調査

　生物系産業においては、食品の事故は、人の健康と生命に関わることなので、その防止が一番大事である。そのためにも、食品の安全品質管理が大変重要である。安全品質管理には、最終製品の抜き取り品質検査、生産工程の品質管理としてのＨＡＣＣＰ（ハサップ）などがある。また、最近、農業の生産工程品質管理として、ＧＡＰ（ギャップ Good Agricultural Practice）の取り組みも注目されている。抜き取り品質検査、ＨＡＣＣＰ、ＧＡＰは、いずれも安全で品質の高い製造物を実現するものであるので、広い意味ではリスク管理の１つであるといえる。現場においても、質の高い安全な製品を生産することは倫理的行動としても重要なことである。ここでは、これらに関する概要と考え方について述べることとする。

　もともと「品質管理」という言葉は、1925 年ごろ、大量生産と部品・標準化を背景に、米国で、統計学を応用して生まれた手法である。その後、品質管理の手法は発展してきており、今や顧客や社会の要求にあった品質の製品やサービスを安定的に提供するために、なくてならない手段となっている。以来、品質改善を行い品質を高める品質管理は、現場の従事者にとっても、組織全体としても積極的に取り組むべき重要な活動となっている。

　この統計的品質管理は、戦後、日本製品の品質の改善に著しい効果を挙げた。統計的品質管理ＳＱＣ（Statistical Quality Control）においては、品質特性に影響する因子は「つきとめうる原因」と「偶然原因」から成るという考えが基本となっ

ている。この考えは、近代的な統計学が基礎となっている。一般に「偶然原因」は正規分布になることから、品質のバラツキもそれに従うことを前提としている。この偶然原因のバラツキが一定の範囲内であれが許容し、範囲外であれば異常なものとして扱うものとする。

　具体的には、一定の品質管理の範囲は、通常 $2\sigma \sim 3\sigma$（σ シグマは標準偏差でバラツキの度合）で、実数値で示す。例えば、○○グラム〜○○グラムというように設定する。この管理範囲に入れば合格、逆に、管理範囲から外れた場合は、欠陥（異常値）のある製品で不合格として扱う。具体的には、管理図（時系列グラフ）を使うことが多い。このように、標準偏差さえ分かれば、大変に簡単な手法で、不合格は、単純に機械的に選別できる。特に、大量に生産される製品において、速やかに合否の選別ができる優れた手法である。最大の利点は、専門的な知識がなくても、一定の訓練で品質管理が可能となったことである。

　統計学は、一般的な調査においても広く利用されている。今では各種の標本（サンプリング）調査に応用されている。標本調査は全数調査に比べて劣ると思われがちであるが、決してそうではない。味噌汁の味を見るのに、スプーン2、3杯を飲めば味は正確に分かる。全部飲む必要はない。もっとも全部飲んでしまえば、提供する味噌汁はなくなってしまうが。特に、食品の品質検査は、中身を取り出さなければならないことが多いので、全個数を調べることはできない。したがって、標本調査（サンプル調査）とならざるを得ない。その際、何個サンプリング抽出すれば、有効な調査となる、それが、どのくらい信用がおけるのかが問題となる。これらについて、統計学で目安を得ることができる。

　ここで、統計学にもとづいた標本調査の利点を述べると、①調査のコストが低くできること、②調査の期間が短くできること、である。また、③誤差（精度）が算出でき信頼性の判断ができること、④データが蓄積されることにより誤差（精度）の向上が望めることなどである。このような標本調査の利点から、社会経済が複雑で変化の激しい現代社会について、多様な事象を的確にスピーディに把握するために、標本調査手法がなくてはならないものとなっている。

　この標本調査について、算定値の誤差（精度）が算出できることで一定の信頼感を与えていると述べたが、その誤差（精度）はどのようなものなのか概略を述べることとする。標本調査では、選んだサンプルの平均値を算出することが多い。このサンプルの平均値は、サンプル数が全数であれば正確な平均値が出るが、サンプル数が少なくなるにつれて正確な平均値から外れてくる。このことは直感としても理解できる。これを数式で表したものが以下の式である。

サンプル平均値のバラツキ（分散）＝（N－n）／N×σ・σ／n

　　　N：全体数　　n：サンプル数　　　σ：標準偏差（バラツキ度合）

　このサンプル平均値のバラツキ（分散）が、「平均値からの外れ度合」で誤差（精度）である。なお、この式の（N－n）／Nは、全体数が大きい調査では 1 に近くなり無視できる。そこで、この「外れ度合」は、この式で分かるように、σが一定であれば、もっぱら、n、つまりサンプル数に依存することになる。重要なことは、平均値からの外れ度合が算出できることである。逆に、「外れ度合」を、どの程度にとどめるかを決めれば、必要なサンプル数が計算できることになる。

　このように標本調査は、誤差（外れ度合い）が分かり、それをコントロールできるところに大きな利点がある。実際の標本調査においては、許容される外れ度合（誤差、精度）を見込んで、それに必要なサンプル数を決めて調査をしている。

　標本調査の注意点は、サンプリング（標本抽出）方法が極めて重要であることである。前述の味噌汁の味見の例で言えば、スプーンですくう前に、十分かき混ぜることである。かき混ぜが十分でなければ味が均一化せず、本当の味が分からないことは当然である。標本調査でいえば、サンプリング（標本抽出）は、片寄らずにランダムに行うことである。調査が楽であるからという理由などで、恣意的で片寄った標本抽出をしてはいけない。調査結果が大きくずれることになる。なお、調査を効率的、効果的に行うため、調査対象を層別にすることや、

一定間隔でランダム抽出する方法を用いる場合もある。要するに、片寄らない
サンプリングをすることが一番肝要なことである。

　標本調査理論を応用した大規模な調査の事例としては、国（農林水産省）が実
施している水稲収穫量調査がある。田を母集団として、サンプルの田を２段階
でサンプリングしている。そのサンプリングで抽出された田圃場の中で、系統
抽出された箇所の稲を刈り取って実測している。この実測値を集計し都道府県
単位の収量を算出している。精度もすぐれた調査であるとされている。
　適切に設計された標本調査は、バラツキ度合が一定以下に抑えられ、精度の
高い調査とすることができる。なお、一般的に、物理的なことが調査対象であ
れば、調査は比較的容易である。一方、人的なことが関係する調査対象の場合
は、調査環境にいろいろな要素が関連してくるので、調査方法にいろいろな工
夫が必要となってくる。

　また、統計調査で強調したいことは。その調査結果の十分な吟味と有効な利
活用を怠ることがないようにすることが何よりも重要であることである。例え
ば、食品の品質検査で不合格品は単に除去するのではなく、その原因を究明し、
改善対策を速やかに実施し、不合格率の低減を図ることに繋げることが重要で
ある。さらに、社会的事項の統計調査については、その調査結果について、過
去の集計データとの連続性の点検確認は必須である。また、その関連分野の動
向や関連の周辺統計との整合性などについても点検することが不可欠である。
このことは、調査集計ミスを防ぐだけでなく、その調査そのものの信頼性を高
めるためにも極めて重要なことである。統計調査は単に機械的に集計して終わ
りというものではなく、専門的な視野で吟味点検することが重要である。そう
しないと、高い精度の信頼のある統計調査を維持することができなくなる。

　また、現代社会は、生産構造の変化、製品種類の変化、居住者の変化などあ
らゆる面で変化の著しい激しい社会である。したがって調査対象の数や性格は
常に変化している。調査の対象集団（母集団）の変化に対応して、常に的確な調

査となるために改善を加えていくこと重要である。安易にサンプルを削減した
り、集計方法を変えることは、調査結果の継続性を失い、使いものにならない
ものになる。統計の信頼性を著しく損なうことになる。統計調査は、調査対象
のありのままの姿を明らかにすることで、社会の発展に寄与することにある。

食品のサンプリング検査と全数検査

　サンプリング調査方法は、全数調査方法と比べられるが、どちらが優れてい
るかではなく、調査対象の性格、調査組織、調査コスト、調査期間などに応じ
て適切に使い分けるべきものである。

　例えば、食品中の細菌数の検査においては、全部の製品を調べることは不可
能である。細菌数を調べるには、容器から中身を出すこと（破壊）が必要である
が、全部の製品を破壊してしまえば売る製品がなくなってしまう。このように
破壊検査が不可能な場合は、サンプリング調査である抜き取り調査をするしか
方法がない。

　このことに関連して、果物のモモの甘さ検査の例を述べる。モモは甘さが最
も重要な品質評価となっている。糖度 13 度未満と 13 度以上では甘味が格段に
異なる。以前、モモの甘さを検査するには、モモのいくつかを抜き取り、果肉
を切り取り（破壊）、その果汁を糖度計で計測する方法であった。このため、売
り出されているモモは甘味が検査されているわけではないので、実際に買った
モモには、甘さの当たりハズレがどうしてもあった。その後、非破壊計測の技
術が進歩して、今では、近赤外線を照射（光センサー）して糖度を計測するとい
う方法が開発された。ことにより、1 個 1 個のモモをスピーディに連続して糖
度の計測が可能となっている。非破壊計測法の開発により、抜き取り調査（サ
ンプリング調査）から全数調査が可能となった。

　このように、サンプリング調査の最大の欠点は、サンプル抽出に当たらずに
調査されないものが必ず存在することである。とくに、食べ物の場合は、この
サンプリングをすり抜けて、不具合のあるものが流通するという問題がある。

　2002 年に、豪州産牛肉を国産牛肉として偽装していることが発覚した。当初、

牛肉が入った箱をサンプル調査していたが、偽装が発覚したため、厳格な調査の必要性が生じたため、急きょ確認を厳密にすることになり、全部の箱を調査することとなった。また、2011年の福島第一原子力発電の事故において、放射性物資基準に合格しない米の生産・出回りを防ぐため、稲の作付け制限とととともに、収穫されたコメ袋のサンプル調査を実施した。その調査の結果、安全であると県は宣言したが、サンプル調査をすり抜けたコメ袋の中に基準値を合格しない米袋があった。このため、その後、コメ袋の全数を検査することとなった。

　このように、食品関係のサンプリング調査では、サンプリングをすり抜けて、不具合のある食品が出回ることがある。1つでもこのようなことがあると、食品にとって大きな問題となる。一般の製品であれば、不具合な製品が出回れば早急に取り換えればよいものも多い。それに比べて、食品の場合は、不良品が口に入れば取り換えることは不可能である。場合によっては、健康被害を起こしてしまうことも多い。これが、他の一般の製品と異なり、食品の安全と品質については、可能な限り徹底的に検査しなければならない理由である。

HACCP（ハサップ）は重要管理点の監視

　食品の安全品質管理の徹底を図る手法として、HACCP（ハサップ：Hazard Analysis and Critical Control Point）がある。これは、食品品質管理手法の1つで、日本語では「危害分析・重要管理点方式」という。この方式は、米国の宇宙計画の中で、宇宙食の有害微生物菌等の有害物資に対する安全性を高度に保証するために導入された食品製造管理システムであるとされている。宇宙船の中で、宇宙飛行士が、食中毒になることは絶対に避けなければならないことである。

　HACCPの具体的な手順は、最初に、食品の危害要因（ハザード）を分析し、危害要因を具体的に把握する。なお、危害要因とは、健康に悪影響をもたらす可能性のあるもので、生物的、化学的、物理的な全ての要因である。その上で、製造工程の中で、特に重要な工程を連続的に監視することによって、1つ1つの製品の安全と品質を確保するものである。危害分析、重要管理点（CCP）の

設定、管理基準の設定、監視 (モニタリング)、改善措置、検証、記録の 7 原則からなる。

　従来から行われていた原材料の検査管理、清潔な製造環境の徹底、最終製品の抜き取り検査に加えて、このHACCP方式を導入する製造工場も増えてきている。HACCPの要点の 1 つは、製造工程に重要管理点を定め、そのポイントを継続的に監視・記録することである。例えば、食品製造工程のうちで、熱消毒殺菌工程をCCPとしていることが多い。これは、熱消毒殺菌が、食品の安全品質のために一番重要な工程であるからである。この際でも、食中毒については、熱耐性菌、食中毒菌から産出の高温耐性の毒素、また、包装の不備による食品腐敗、流通過程による食中毒菌の付着なども十分に注意しなければならない。また、食品によっては、異物 (金属、プラスチック等) の混入が最重要管理点とされる場合もあり、金属探知機などによる継続的な監視 (CCP) が不可欠である。

　このようにHACCP方式は、食品の安全品質の徹底管理を図るものであり、とくに安全品質に重要な影響を与える工程を継続的に監視することに特徴がある。HACCPにおいては、最初に、ハザード (危害要因) の分析把握を重要視している。その上で監視・管理を徹底する取り組みとしている。ハザードという用語を使っているが、HACCPは、一般的にいえば、本書が説明してきたリスク (危険可能性) の探索とリスク管理の考え方と同様なところが多い。前述のようにリスクは絶えず生まれていると述べたが、ハザード (危害要因) も絶えず生まれている。したがって、ハザード分析、つまりリスク (危険可能性要因) の探索・評価・管理が継続的に維持されることが重要である。HACCPが設定されても、形式的にならないように常に能動的に機能していることが重要である。

　比較的小規模な事業所においては、本格的なHACCPの導入が困難な場合があるが、HACCPの考え方は大変に重要である。

　2012 年に、O157 に汚染された白菜浅漬けにより、集団食中毒事件が発生した。多数の人が発症し、死亡者も出た事例である。この最大の原因は殺菌工程

の不備であったとされている。食品の安全品質管理上で、職場環境の衛生管理の徹底とともに、生産工程では殺菌消毒工程が最も重要である。その殺菌消毒工程において、漬け込み消毒液の濃度（塩素水濃度）が不足していたとされている。作業が進行していくにつれて、漬け込み消毒液の濃度が薄められ、その結果、有効な殺菌消毒が不十分であった、とされた。

　食中毒の防止のために一番重要で効果のある工程は、殺菌工程であることは言うまでもないことで、ＨＡＣＣＰでいえば重要管理点である。この重要管理点である殺菌工程の消毒液の濃度については最重点で管理すべきであった。もちろん、浅漬け原材料の十分な洗浄、製品等の低温保管、使用器具や容器類の洗浄の徹底、作業環境や従事者の衛生管理なども重要である。

　食中毒が発生した時には、食中毒菌の汚染源、汚染経緯が不明であることも多い。したがって、最重要な消毒殺菌工程を中心にして、職場環境の衛生管理について、常に気を抜くことのないようにすることが重要である。

ＧＡＰ（ギャップ）は優良農業生産管理

　ＧＡＰ（ギャップ、Good Agricultural Practice）も農業生産におけるリスク管理の一種であると言える。ＧＡＰは、強いて訳せば、優良農業生産管理である。「ＧＡＰ規範」は、2003 年に「ＥＵ（欧州連合）」の共通農業政策に取り入れられたとされている。ＥＵの農業政策の改革では、食品の安全、環境の保全、人と動物の福祉などの導入が狙いとされた。その後、英国大手スーパーマーケットが、ＧＡＰ規範を守った農産物を仕入れることを決定したこと、欧州でも小売業団体が農産物の取引規範としてＧＡＰ基準を導入したことなどでＧＡＰの取り組みが発展していった。

　日本においても、団体、都道府県、農業団体などで独自のＧＡＰを設定し、種々の取り組みが行われてきた。また、農林水産省は、ＧＡＰの共通基盤としてガイドラインを策定した。このガイドラインにおいて、農業生産活動を行う上で必要な関係法令、その他の重要事項として定められる点検項目に即して、農業生産活動の各工程の適正な実施、記録、点検及び評価を行うことにより、持続的な生産活動の改善を促進することとした。

　さらに、東京オリンピック 2020 を見据えて、海外の消費者の需要に適切に対応するとともに、今後の農産物の国際化を一層促進するため、国際水準の認証ＧＡＰの取り組みが一層促進されることになった。

　現在、わが国において、国際水準のＧＡＰとして、「ＧＬＯＢＡＬ　ＧＡＰ」（グローバル　ギャップ）、「ＡＳＩＡ　ＧＡＰ」（アジア　ギャップ　アドバンス）、「Ｊ　ＧＡＰ」（ジェ　ギャップ　ベーシック）がある。また、農林水産省ガイドライン準拠ＧＡＰ（都道府県の確認）も対応できるようにされている。これらのＧＡＰは、「食品安全」「環境保全」「労働安全」「人権保護」「農場経営管理」の各分野の評価点検の項目が定められており、農場での取り組みが、認証確認機関により点検評価される。ＧＡＰで、食品安全の項目としては、農薬、肥料の適正使用、化学物質、重金属、病原微生物等の管理、異物混入防止、使用水の安全性確認などがある。また、環境保全の項目としては、適切な施肥、土壌浸食の防止、廃棄物の適正処理・利用，エネルギーの節減、生物多様性の保全などである。また、労働安全の項目は、機械設備の点検・整備、薬品・燃料等の適切な管理、安全作業のための保護具の着用などである。
　ＧＡＰ認証を取得した農場は、法令等を守り、農業資材の適正使用、農業機械等の事故防止を図り、環境保全を促進し、作業環境を改善し、快適で安全で優良な農業生産を実現するものである。今後、農業生産現場において、ＧＡＰの考え方を導入することにより、農場経営の一層の近代化を図り、リスク管理を徹底し、倫理的行動の取り組みを促進することが強く望まれる。

食品と農業関係の安全・表示に関する法律

　生物系産業である農業および食品について、その安全管理、表示等の関係については法律で規定されているものが多い。それらに関する主な法律の概要を紹介することとする。法律は国会で決められるものであり、国民のものである。現場では、取っ付きにくい面もあるが、取り組んでいる業務に関する法律であれば、理解することは容易である。ネットで見れば、法律だけでなく関係する規則等もすぐに見ることができる。現場においても、関係する法律の条文等を

見ておくことは、リスク管理等の徹底を図り業務の適正な実行について理解が
深まる。

○JAS法（農林物資の規格化及び品質表示の適正化に関する法律）

　正式名は、「農林物資の規格化及び品質表示の適正化に関する法律」であるが、
通称、「JAS法」と呼ばれている。飲食料品の粗悪品などの出回り防止のため、
1950年に制定されたのが始まりである。JAS法には、大きく「規格制度」と
「品質表示基準制度」の2つの制度が定められている。

　規格制度は、農林物資の品質改善、取引の単純公正化等のため、日本農林規
格（JAS規格）に合格し適合している飲食料品等に「JASマーク」を付ける
ことができるものである。なお、JASマークは多くの種類があったが、「JA
Sマーク」「有機JASマーク」、それに「特定JASマーク」の3つに統一さ
れることとなっている。

　とくに、有機JASマークが表示されている食品でなければ「有機」や「オー
ガニック」と表示することはできないこととなっている。有機JASの認定の
要件として、環境への負荷をできる限り低減した栽培管理方法等により生産す
ることとされている。このため、使用する肥料及び土壌改良資材は、化学的に
合成された物質が含まれていないもの、また、組換えDNA技術が用いられて
いないものに限っている。この有機JASの要件については、栽培現場におい
て十分に理解する必要がある。

　品質表示基準制度において、とくに、生鮮食品や生鮮食品に近い加工食品に
ついては、「原産地表示」が規定されている。原産地の偽装は、従来、改善指示
等を経て罰則を科すことになっていたが、表示偽装が多数発生し食の信頼を大
きく損なったことから、原産地の偽装表示に対しては、直ちに罰すること（直
罰）とし、罰金の引き上げ、速やかな公表等の措置を採ることとなった。食品
の産地偽装表示の発生を厳に抑制するものとした。

○食品衛生法

　本法は、古い法律であるが、2003年の改正で、食品の安全性確保のために公

衆衛生の見地から必要な規則その他の措置が講じられた。飲食に起因する衛生上の危険の発生を防止し、もって国民の健康の保護を図ることを目的とした。食品、添加物、器具及び容器包装の規格基準、表示、営業施設の基準、その検査などについて規定している。違反者には、懲役または罰金などに処することが規定されている。また、食品衛生管理上の危害の発生を防止するための総合衛生管理製造過程措置として、先に述べたＨＡＣＣＰ（ハサップ）の制度が規定されている。

　特に、農業現場で留意すべきは、2003年の改正で、農薬等の残留規制の強化（ポジティブリスト制）が導入されたことである。残留基準が設定されていない農薬についても、一定量を超えて農薬等が残留（基準0.01ppm）している農産物は流通を禁止するものである。このため、隣接する農地からの農薬の飛散についても十分注意する必要がある。その作物で使用が認められている農薬だけでなく、それ以外の農薬についても残留基準を厳守する必要がある。

○食品表示法

　本法は、2015年に施行されたもので、食品衛生法、ＪＡＳ法、健康増進法などの食品表示に関する規定を統合して、食品の表示を包括的かつ一元的な制度とした。食品表示の適正確保のための施策は、消費者基本法に基づいて、消費者施策の一環として位置付けることとされた。つまり、消費者の選択の機会を確保し、消費者に必要な情報が提供され、消費者の自立的かつ合理的な行動ができるよう支援することとした。

　関連して、食品の表示について、消費期限と賞味期限を若干説明する。以前、食品の表示は、「製造年月日」表示であった。しかしながら、製造年月日では、いつまで日持ちをするかを判断することが困難であったこと、国際規格との調和の必要性が高まったことなどから、現在の「期限表示」となったと言われている。

　「消費期限」は、品質の劣化が急速に進む食品（弁当、生めんなど）に表示され、この期間が過ぎると衛生上の危害が生じる可能性が高くなる。したがって、消費期限切れの食品は、消費流通させてはいけないものである。一方、「賞味期

限」は、品質の劣化が緩やかに進む食品（缶詰、カップラーメンなど）に表示され、少し期限が過ぎても食べられなくないものではない。

このような消費期限と賞味期限の違いを理解するとともに、期限前に安易に捨てることがないようにしなければならない。食べられるのに捨てられるもの、つまり、食品ロスは、製造流通段階、消費段階で大量に発生している。単に経済的な損失だけでなく、食品廃棄物の増大と処理負担の増加の原因となっている。また、栽培、加工、流通で多く人が心を込めた労力が無駄になる。

○地理的表示法（特定農林水産物等の名称の保護に関する法律）

本法は、2014年に新たに制定された。地域で育まれた伝統と特性を有する農林水産物・食品について、その地理的表示を知的財産として保護し、もって、生産業者の利益の増進と需要者の信頼の保護を図ることを目的とするものである。

地理的表示（GI：Geographical Indication）とは、農林水産物・食品等の名称であって、その名称から産地を特定でき、産品の品質等の確立した特性が産地と結びついているものである。地理的表示には、併せて登録標章（GIマーク）が付される。また、登録後の品質管理が適切かどうか定期的にチェックされる。地理的表示の効果は、①地域ブランド産品として差別化が図られ品質も保証される、②産地のブランドが保護され、品質を守る商品が市場に流通される、③地域ブランドの保護・活用による農山村地域の活性化、伝統的な食文化の継承が図られることである。

○肥料の品質の確保等に関する法律（旧　肥料取締法）

本法は、肥料の品質等を保全し、その公正な取引と安全な施用を確保するため、肥料の規格及び施用基準の公定、肥料の登録、検査等を定めている。本法は大変古い法律で、食糧生産には不正のない肥料が不可欠であるという理念の下に、明治32年に制定され、昭和25年に現行体系になった。この法律により肥料は、登録または届出をしないと生産、輸入、販売ができないことになっている。

　普通肥料について「公定規格」を定めており、登録又は届出をする場合、この公定規格に適合する肥料でなければならない。この公定規格には、窒素質肥料、りん酸質肥料、加里質肥料、有機質肥料、複合肥料、汚泥肥料等が定められている。また、特殊肥料（普通肥料を除くもの）のうち、堆肥については、原料の種類、主要な成分の含有量等の品質表示をしなければならない。

　さらに法律を改正し（2019 年 12 月公布）、法律名を改正するとともに、肥料の安全性の一層の確保、良質かつ低廉な肥料の供給確保、データに基づく施肥や土づくりの促進を図るため、①肥料原料管理の徹底、②普通肥料と特殊肥料等との配合規制の緩和、③肥料の表示基準の整備などを図ることとした。

　独立行政法人農林水産安全技術センター（ＦＡＭＩＣ）は、農林水産大臣の指示により、肥料の登録申請書の審査、分析鑑定、栽培試験等を行って、公定規格への適合性等の調査を行っている。また、必要に応じて肥料生産事業者に立入り検査等を実施している。

○飼料安全法（飼料の安全性の確保及び品質の改善に関する法律）

　本法は、飼料等の使用が原因となって、人の健康を損なう恐れのある有害畜産物が生産されること等を防止するものである。このため、飼料及び飼料添加物の製造等に関する規制、飼料公定規格の設定及びこれによる検定等の実施を定めている。

　ＦＡＭＩＣは、飼料や飼料添加物が規格基準どおりに製造されていることを確認するため、農林水産大臣の指示により、製造事業者等に立入り検査や飼料等の収去を行い、検査（分析・鑑定）を実施している。また、飼料添加物の検定に関する業務、飼料分析基準の作成に関する業務などを行っている。

○農薬取締法

　本法は、農薬について登録の制度を設け、販売及び使用の規制等を行うことにより、農薬の品質の適正化とその安全かつ適正な使用の確保を図り、農業生産の安定と国民の健康の保護に資するものである。農薬を製造・加工または輸入する場合は、国の登録を受けなければならない。

　農薬の登録には、農薬の薬効と薬害とともに、人畜、動植物、農薬使用者の安全性をチェックするため、毒性、残留性などの試験成績が必要である。また、有用動植物や土壌・水の環境への影響も重要な登録検査項目である。ＦＡＭＩＣは、農薬の登録検査業務、立入り検査等を行っている。

　農薬は、農薬の効果があるとともに、農薬を使用した作物を食べた人の安全性確保、また環境保全が重要である。このため、農薬の作物残留基準、水産動植物への被害防止のための保全基準を守ることが必要である。現場の農業者においては、農薬の使用基準（使用方法、回数、時期）を守ることが必要である。

　最後に、食品は、フードチェーンといわれるように、作物の栽培から消費まで一連のつながりのあるものである。不良な農業資材の使用は、不良な農産物の生産につながる。加工・製造の段階で有害微生物、有害物質に汚染されれば、食品の汚染に直結する。販売段階の不正は、食品の信頼性を大きく損なう。このため、一連の食の安全・品質管理は、一連のリスク管理としても大変に重要である。

　農業資材、農産物、加工、流通、消費の各段階を通じて、法令・ルール・規範を順守し、リスク管理を徹底することが不可欠である。それによって、安全で安心な食品が提供され、健康を増進し、豊かな食文化が育まれることになる。

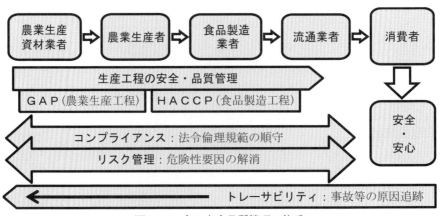

図 14-1　食の安全品質管理の体系

第15章　環境保全と生物系産業

―豊かな環境は生物系産業の基盤―

環境問題は倫理的課題

　第11章で述べたようにISO(国際標準化機構)において2010年に組織の「社会的責任に関する手引き」(日本版はJIS Z26000) が定められた。この中で、7つの中核主題として、「組織統治」「人権」「労働慣行」「環境」「公正な事業活動」「消費者課題」「コミュニティ参画と発展」が掲げられており、「環境」も重要な課題とされている。環境問題は、不特定多数の者に影響を与え、社会的にも経済的にも大きな影響を与えることから、組織の社会的責任としても重要な課題である。

　環境問題は、今や、地域レベルのものから、グローバルな地球的レベルと幅広いものとなっている。このように環境問題は多様で広がりを持つが、よくよく考えれば、環境汚染の元は組織や個人の活動であり、それに起因して、地域、果ては地球全体に環境問題を起こしているものである。環境問題は、足元の環境問題が地域の環境問題となり、それが地球的規模の環境問題となっている。「グローバルに考えてローカルに行動」という言葉があるが、環境問題では、「足元から、地球規模へ行動」である。

　いずれにしても、環境問題は、全ての人、全ての組織、全ての国が取り組まないと効果がないものである。この意味でも、環境問題の取り組みは、すこぶる倫理的な性格の強い取り組みでもある。また、環境汚染は、自然生態関係を壊し、その回復には長い時間を要するとともに、農林水産業と食品産業に大きな悪影響を与える。したがって、特に、生物系産業の関係者は、環境問題に対して倫理的行動としても積極的に取り組む必要がある。

環境問題の取り組みの推移

　世界およびわが国の環境問題の取り組みに関する主要な動きを時系列的に述べると以下のとおりである。

1891 年　帝国議会に「足尾銅山鉱毒ノ儀ニ付質問」が提出
　　　　　・わが国で最初に公となった公害（鉱害）

1962 年　レイチェル・カーソン　「沈黙の春」を発表
　　　　　・ＤＤＴなどの化学物質の環境汚染を警告

1968 年　水俣病（公害病）を認定
　　　　　・当時の４大公害病として、この他に新潟水俣病、イタイイタイ病、四日市ぜんそく

1972 年　ローマクラブ　「成長の限界」を発表
　　　　　・人口増加や環境破壊が続けば、資源（石油等）の枯渇や環境悪化によって人類の成長が限界に達することを、シナリオ（モデル）により警告
　　　　　・地球の資源は有限、宇宙船地球号

1972 年　国連人間環境会議の開催（ストックホルム）
　　　　　・「人間環境宣言」「行動計画」を採択
　　　　　・「かけがえのない地球（ONLY　ONE　EARTH）」

1983 年　国連「環境と開発に関する世界委員会」（ブルントラント委員会）
　　　　　・「持続可能な開発」（サスティブルな開発）
　　　　　・現在と将来世代の環境と開発のニーズは公平とする

1992 年　国連環境開発会議「地球サミット」の開催（ブラジル・リオ）
　　　　　・「環境と開発に関するリオ宣言」の採択
　　　　　・「気候変動枠組み条約」の署名（155 カ国署名）
　　　　　・「生物多様性条約」の署名（157 カ国署名）

1997 年　第３回国連気候変動枠組条約締約国会議（ＣＯＰ３地球温暖化京都会議）
　　　　　・気候変動枠組条約に関する「京都議定書」の採択
　　　　　・第一約束期間：2008〜2012 年

2001 年　国連「生物の多様性に関する条約のバイオセーフティに関するカルタヘナ

　「議定書」採択

- ・LMO（遺伝子組換え生物）の移送、取り扱い、利用に関する必要な措置を決定

2010 年　生物多様性条約第 10 回締約国会議（ＣＯＰ10　名古屋）

- ・生物多様性の損失防止のため「愛知目標」を採択

2011 年　福島第一原子力発電所の事故発生

- ・東北地方太平洋沖地震により、原子炉の炉心溶解(メルトダウン)に陥り、放射性セシウム等が広域な環境中に放出

2015 年　第 21 回国連気候変動枠組条約締約国会議（ＣＯＰ21、フランス・パリ）

- ・全世界参加の 2020 年以降の温室効果ガス削減の枠組みである「パリ協定」採択
- ・地球平均気温の上昇を 2℃以下に抑制、1.5℃以下に努力

2015 年　国連「持続可能な開発のための 2030 アジェンダＳＤＧｓ」採択

- ・持続可能な開発目標「SDGs」（17 ゴール 169 ターゲット）
- ・世界の「誰一人取り残さない」

開発と環境の調和（持続可能な開発）

　環境問題の取り組みを時系列的に見たが、早くから、わが国では広域的な環境問題が発生している。1891 年に足尾鉱山の鉱毒事例が明らかになっている。また、1950 年から 70 年にわたり、広域な環境汚染、いわゆる公害が大きな問題となった。当時、高度経済成長時代であり、経済と環境の調和が大きな課題となった。世界的にも、開発を進めれば環境を損なうというように、二律背反の課題と考えていたこともあり、開発と環境の調和が問題となってきた時代である。

　この開発と環境の調和をいかに考えるかということに対して、現在では、「持続可能な開発（sustainable development）」という考え方が広く認識されている。今では、この持続可能（サステナブル sustainable）の言葉がいろいろな場面で使われている。

　この「サステナブル（持続可能）」という概念は、著名なノルウエーのブルン

トラント首相が、議長として「環境と開発に関する委員会（WCED、1983年発足）」で、「持続可能な開発」という考えを提唱したことに始まる。この概念は、よくよく考えると矛盾がないわけではないが、矛盾を包摂しながらも、先進国、発展途上国ともに受け入れられて、世界的な考え方となっている。この概念は、1992年のリオ・デ・ジャネイロでの「環境と開発に関する国連会議（UNCED）で「環境と開発に関するリオ宣言」の原則となった。

　このリオ宣言の前文には、①新たな公平な地球環境規模のパートナーシップをつくること、②みんなの利益を尊重すること、③地球環境と開発システムの一体性を守ることなどが謳われている。リオ宣言の主な原則は、次のとおりである（抜粋要旨）。

> ①　人類は、持続可能な開発への関心の中心にある。人類は、自然と調和しつつ健康で生産的な生活を送る資格を有する。（第1原則）
> ②　開発の権利は、現在及び将来の世代についての開発と環境の必要性を公平に満たすように行使しなければならない。（第3原則）
> ③　各国は科学的な理解の向上と、技術の開発、適応、普及、移転によって、持続可能な開発に対する内在的な能力を強化することを助長しなければならない。（第9原則）

　特に、第3原則にあるように、「現在と将来の世代について」「開発と環境の必要性を公平に」ということが、持続可能な開発の概念の本質である。現在の世代だけが富と利便を享受して、将来の世代はどうなっても知らない、ということがないようにする。現在の世代が環境の恩恵を受け、後の世代には破壊された環境が残るということのないようにすることである。このように、「持続的な開発」には、空間と時間の概念を基本に置いたものである。次世代の永続的な発展を願い、豊かな大地、永遠の地球を望むものである。また、第9原則で述べているように、科学技術は持続可能な開発を促進することに貢献すべきであるとしている。

　2015年には、この持続可能な開発を各分野で具体的な取り組みとして示すた

め、国連で、持続可能な開発目標「ＳＤＧｓ」が採択されている。これは、2030年に向けて世界の「誰 1 人取り残さない」という標語を掲げ、持続可能な開発目標として、17 ゴールと 169 ターゲットを定めている。

　17 ゴールの中には、「2　飢餓をゼロに」「7　エネルギーをみんなにクリーンに」「8　働きがいも経済成長も」「9　産業と技術革新の基盤を造ろう」「12　つくる責任つかう責任」、また、「13　気候変動に具体的な対策を」「14　海の豊かさを守ろう」「15　陸の豊かさも守ろう」が示されている。このように、クリーンエネルギー、働きがい、技術革新、つくる責任などの技術産業的な目標があり、また、飢餓、気候変動、海・陸の豊かさなどの食料・地球環境・自然環境などの目標も謳われている。生物系産業や環境保全の取り組みや、さらに倫理的行動に関する多くのゴールが掲げられている。

農薬と環境問題

　環境問題の時系列な取り組みで紹介したように、1962 年に、レイチェル・カーソンが『沈黙の春』を発表した。これは、ＤＤＴなどの化学物質の環境汚染を警告したもので、発表当時から大きな話題となった。当時、女性の科学者が少なかったこともあり、こんなことが実際に起きるのかという批判があったが、今では化学物質が自然界に及ぼす影響について警鐘を鳴らした書として評価されている。

　カーソンの『沈黙の春』は、沈黙の春という題名のように、「奇妙な静けさ、鳥もいない」、というような文が象徴的なものである。ＤＤＴ（ジクロル・ジフェニル・トリクロル・エタン）などの化学物質が、食物連鎖 (the links of food chains) によって鳥に蓄積したことを述べている。この生態系メカニズムにより、自然環境に散布された殺虫剤が濃縮され、鳥が死滅したことを示唆した。

　科学技術開発された化学物質が、自然環境と生物への影響が及ぶことを警告している。科学技術そのものは中立的なものであるが、その使い方と影響には、細心の注意が必要であることを示している。人は科学技術を利用して正の効果を発揮させるが、負の効果もあることを忘れてはならない。環境問題の発生は、科学技術の負の効果でもある。

　ＤＤＴは、優れた殺虫効果があり、戦後に、わが国で、シラミなどの駆除で用いられた白い粉として記憶されている人も多いと思う。今でも、マラリアを伝播する蚊の退治に効果を発揮している。なお、わが国では、難分解蓄積性があるとされ、1971 年以降、使用されていない。

　現在、農薬については国の登録制度となっており、人や家畜への安全性、農作物への残留性、動植物への影響、土壌・水環境への影響などについて検査され、使用範囲や使用方法が決められている。

　ところで、農薬の使用に関することで、農薬の不正使用の事例が 2002 年に発生している。登録が失効し使用が禁止されている殺菌剤（ダイホルタン）が不正に使用された事例である。この殺菌剤は、梨などが感染しやすい黒星病（葉、果実に黒い病斑がつき商品化が損なわれる厄介な病気）等に高い効果があった。登録切れとなったにもかかわらず、多くの販売業者、営業所で販売され、現場で使用していたことが判明した。産地の梨は回収され、廃棄となり、経済的な損失も大きかった。登録失効した農薬が廃棄処分されずに保管・流通・使用された不正事例である。登録失効を認識しながら販売され、使用されたことは、倫理的にも問題があった。

　農薬の使用に関連して、果物、野菜の外観や大きさに対する流通関係者や消費者のニーズは、外国に比べて必要以上に高いのではないかという指摘もある。最近では、多少見てくれが悪くても、味が良いもの、安全性が高いものを選ぶ人も増えている。また、地場の消費、全国的な消費、国際的な消費と、各段階のニーズがかなり異なり多様化している。

　一方で、最近、食べられるのに捨てられるという「食品ロス」の問題が大きくなっている。製造加工、流通販売、消費段階のそれぞれで食品ロスが発生している。それだけでなく、農業生産現場では、サイズや形や外観が規格に合わないものや、野菜の外葉などで十分に食べられるものが、廃棄、捨てられている。その量も相当な量となっている。このような「農場ロス」も社会経済的な観点から、そのあり方と再利用について検討する必要があると考えられる。

広域的な環境汚染の事例

　環境問題は、内容的にも地域的にも、多様でその範囲も広くなっている。汚染の内容で大きく分けると、①有害物質により汚染、②廃棄物による汚染、③生物資源の枯渇と生物多様性の喪失、④地球温暖化がある。このうち、①と②は以前からの課題であり、③と④は近年に課題となっているものである。

　また、環境影響を受ける空間としては、地下、土壌、河川、海洋、大気に分けられる。さらに、環境影響を受ける地理的地域としては、①局地的な地域、②広域的な地域、③地球的規模に分けることができる。これらの内容と地域を組み合わせて環境問題をとらえることができる。

　とくに、広域的な地域（相当な範囲）の有害物質による汚染は、以前に「公害」と呼ばれていた。さらに、地球大気の温室効果ガス（CO_2 等）の増加は、地球温暖化の地球環境問題となっている。また、地球的規模の環境問題としては、廃棄物の海洋投棄などの海洋汚染は以前から問題となっていたが、最近、海洋生物棲息を脅かすものとして、プラスチック廃棄物による海洋汚染が大きな課題となっている。

　リオ宣言においては、持続可能な開発により現在と将来とも開発と環境を公平に享受し、自然と調和し健康で生産的な生活を送る資格があるとした。このリオ宣言は、1992 年のことである。わが国では、それ以前から、有害物質による広域的な地域（相当な範囲）の環境汚染が発生している。その中でも、農林水産業に大きな影響を与えた事例として、①足尾銅山公害（鉱害）事例、②水俣病事例、③福島第一原発事例がある。その事例の概要と農林水産業への影響は次のとおりである。

①足尾銅山公害の事例

　渡良瀬川上流にある足尾銅山の歴史は古く、江戸時代には有数の銅山であった。明治時代には新政府から民間に移管された。明治時代に、富国強兵、殖産興業の合言葉で日本の近代化が推進された。その中で、足尾銅山では、大鉱脈が発見され、熔鉱から製錬の近代的施設を導入し、銅の産出量が日本国内の 4

割に達し日本一の銅山となった。

　一方で、明治の初めのころには、渡良瀬川の魚類が浮上し死滅する現象が発生していたと言われていた。足尾銅山からは、銅、硫酸銅、廃石、鉱滓などが流れ出していた。明治 23（1890）年、渡良瀬川の大洪水により、下流域の水田約 7,000ha が冠水して被害が発生した。また、魚類が激減し漁業にも大きな影響を与えた。明治 24（1891）年、国会議員の田中正造が帝国議会に「足尾銅山鉱毒ノ儀ニ付質問」を提出した。この質問により鉱毒問題が広く知れ渡ることとなり社会的問題となった。

　当時、研究者は、現地の調査研究により、耕地不毛の原因は、土壌の銅塩及び酸性塩類の存在、土壌の理学的異変によるものに帰すると推論した。また、被害地の農民からの依頼で丹念な土壌分析が行われ、作物の収穫減少は銅成分の毒害が原因とした。しかしながら、硫酸銅、廃石、鉱滓等の流出は、洪水の発生等もあり長期間にわたり続いた。

　このように、農地（水田、畑地等）の汚染、稲作等の被害、周辺山地の森林の枯渇、内水面魚類の減少など農林水産業に大きな影響を与えた。鉱煙（亜硫酸ガス）により禿（はげ）山となった足尾山地は、森林のもつ雨を調節する機能を全く失ってしまい、これが渡良瀬川の洪水を大きくしたと言われている。国有林復旧事業は、明治、大正時代から実施されてきて、中断を経て昭和に入ってからも継続実施された。また、洪水防止対策、遊水地や堤防の造成、さらに、農地改良等も実施された。耕地の喪失、森林崩壊を復旧するためには膨大な時間と労力を必要とした。失われた耕地、森林の大切さをあらためて認識させてくれる。

　足尾銅山公害の事例は、迅速で科学的な原因究明と確定、それによる速やかな公的認定の重要性を示している。また、有害物質の除去技術の開発と導入、さらには復旧事業の早期実施の大切さを痛切させてくれる。なお、足尾銅山は、1978 年（昭和 48）年に 400 年の歴史を閉じた。

②水俣病の事例

　水俣病は、高度経済成長時代に発生し、公害の原点とも言われた。病状の発生者も多く、重篤な症状者もおり深刻なものとなった。病状の発生は、早くから見られたといわれている。原因究明にも長期間を要したが、工場の排水中の有機水銀（メチル水銀）が原因として、1968年に、国は「公害病」として認定した。原因物質の有機水銀は、化学工場で使用していた水銀（反応を促進するための触媒）が、製造工程中で反応し生成したものである。これが排水に含まれ水俣湾に排出した。

　さらに、海水中で、前述のカーソンが指摘した食物連鎖（生物濃縮）により有機水銀が魚介類に蓄積された。その魚介類を周辺地域の人々が摂取し、有機水銀が脳神経に移行し水俣病を発症した。

　このように、水俣病の発症のメカニズムは、化学工場の製造工程中での有機水銀の生成、海水中への排出、海水中の生態学的な食物連鎖による魚介類への蓄積、そして魚介類の摂取による人の脳神経障害の発症という経緯であった。直接の端緒は、工場排水による水俣湾海域の海水汚染である。この広域的な環境汚染が、人の水俣病の発生となった。

　なお、1965年には、新潟県阿賀野川流域で、同様のメカニズムによる新潟水俣病が発見されている。1968年に、新潟水俣病も国による公害病と認定された。工場からの廃棄物が川に流出したことにより、水俣病の発生が生じたものとされた。

　水俣病は、海水への廃棄汚水の排出が原因の端緒であった。当時、汚水の排出により、全国で多くの河川や湾がドブ水の状況となった。排出された汚水は、河川や湾の中では、帯状や団子状となり簡単に拡散・希薄化しない。沈殿して汚泥となったりして局地的に汚染が固定化することが多い。

　また、海や川には、自然微生物の作用による浄化作用があるとされているが、微生物による浄化作用は大変弱いものである。特に、化学物質等は浄化分解されることは期待されない。逆に、化学物質によっては水中で食物連鎖により生物濃縮することがあることを、水俣病は認識させた。ともかく、どんな廃棄物や汚水であっても、水中等の環境中の排出は、環境を悪化させ、生物、人への

悪影響を与え、大変に危険な行為である。

　水俣病の農林水産業の影響としては、水俣湾を中心とした海域の漁業への影響が甚大であった。漁業が禁止されるとともに、魚介類の摂取も禁止措置がとられた。水俣湾には水銀を含む底泥が堆積し、その浚渫（しゅんせつ）と埋め立てには10年以上の年月と多額の費用を要した。海域の水質が回復し、魚介類の安全性が確認されるまでには長い期間を要した。

　このような広域的な環境汚染については、最初に、原因究明を迅速に行うことが最も重要である。原因究明に際しては、客観的かつ科学的な思考と手法で行うことが必要である。つまり、科学的根拠（エビデンス、evidence）にもとづいて、原因究明を進めることが不可欠である。逆に、客観的かつ科学的には考えられない原因説は、早めに棄却することが重要である。迅速な原因究明が重要なことは、被害補償の裁判が必要以上に長期化しないためにも大変重要なことである。必要以上の裁判の長期化は、関係者の労苦を増加させ、倫理的な問題でもある。

　また、環境汚染の調査と防止のためには、微量な物質の測定が不可欠である。とくに公害のような広域的な環境汚染については、大気中、水中、動植物等の環境中の微量物質を検出できる高度な分析技術が必要である。迅速かつ微量な分析技術の進歩が、環境保全対策を進める上で極めて重要である。環境中の有害物質の継続的な測定監視は、環境汚染の事前防止に寄与する。環境汚染リスクの早期発見と、迅速な環境汚染防止というリスク管理が的確に実施される意味でも大変に重要である。

③福島第一原子力発電所事故の事例

　2011年3月11日に、東北地方太平洋沖地震により、稼働中の福島第一原子力発電所事故が発生した。全ての電源を失い、原子炉内はメルトダウン（炉心溶融）状態となった。格納容器の破損を防ぐためベント（格納容器内気体の外部放出）が実施された。また、原子炉内で発生した水素が建屋内に充満して、水素爆発を起こし建屋の上部が破壊された。このため、放射性物質を含んだ大量の気体

が、大気、環境中に放出された。

　これらの放出された放射性物質を含む気体（プルーム）は、大気中に流れたが、特に、風向に沿って特定方向に帯状に流れた。そして地上に降下した。放出された放射性物質は、セシウム、ヨウ素、ストロンチウム等であるが、中でも半減期が約 30 年と長いセシウム 137 が環境に大きな影響を与えた。

　降下した放射性物質は、農地、森林、林地、海水面、内水面（河川、湖沼）の広い地域を汚染した。放射性物質は、多くの動植物に直接に付着し、また農地から農作物等に吸収移行された。特に、放射性セシウムは、土壌（粘土質等）に強く吸着固定される性質がある。このため、水田等の農地について、汚染が長期間にわたって大きな影響を及ぼした。森林においても、枝葉に付着した放射性セシウムは、降雨や落ち葉として落下して、森林土壌に蓄積された。また海、河川や沼などの内水面にも放射性物質が流れ込み、長期に大きな影響を与えた。

　基準値を超えた放射性物質を含む水田では、作物の作付けが禁止された。農家が避難を余儀なくされたため、家畜の飼養を放置せざるを得ない地域もあった。また、森林地帯は除染が困難なため、木材、林産物の汚染は長期間となった。このため、今でも、基準値の超えた山菜（コシアブラなど）が、度々採れている。木質の燃焼灰は、放射性物質の含有率が高まるので、木質の利用が著しく制限された。当時、基準値以上の放射性物質を含む米、野菜などを始め、キノコ等の林産物、さらに魚介類などの農林水産物は、流通販売が禁止された。このように、農林水産業の現場が失われたことになる。農林水産業に直接、あるいは間接的に、かつ長期的に影響を与えた。

　現在、水田等について、放射性セシウムを含む表土の除去工事等により復興が進んだこともあり、農畜水産物などで、放射性セシウムの基準を超えたものは流通されていない。しかしながら、価格がなお回復していない農畜水産物もあり、依然として風評被害は続いている。また、日本からの食品について、輸入規制措置を継続している国もまだある。このように、広域的な環境汚染は、農林水産業、食品産業に与える影響は長期なものがある。

豊かで美しい環境の保全

　これら3事例の広域的な環境汚染が発生した地は、わが国でも、いずれも山紫水明の悠久な地である。いにしえから、山は紫に、川は清く、海は青く、風光明媚な豊穣の地である。

　足尾の地は、渡良瀬川の上流にあり、緑の山々に囲まれた紺碧の渓流が美しい渓谷の地である。下流は、関東大平野の肥沃な水田地帯に流れ込む。

　水俣湾は八代海に臨み、島々を遠くに望み、魚介類の幸に恵まれた湾である。背後に果樹畑などの小高い山々が広がる豊かな地である。また、新潟の阿賀野川は、信濃川に劣らず、水は清く悠々たる流れの大河である。

　福島を含む東北の地は、多様な山々、河川、平野、海岸を擁し、四季折々が美しい豊饒の地である。広大で豊かな林地と大地と海に育まれ、日本有数の食糧供給の地であり、農業、林産業、水産業の栄えている地である。

　このような豊かな自然環境と日本有数の産業の地が汚染されるということは、わが国の貴重な経済的社会的な資産の喪失でもある。一度汚染されると、その回復には、多大な人力とコストと時間を要することとなり、国全体の経済的負担は膨大なものとなる。特に、自然環境の汚染は、農林水産業を直撃する。四季折々に共生してきた農地、林地、水面が損なわれることは、農林水産業の生産基盤が損なわれることである。農林水産業の基盤が損なわれることは、食品産業や関連産業に連関し地域経済に大きな影響を与える。引いては地域の活力が失われ、定住者の減少をきたすことになる。

　あらためて、1992年のリオ宣言の原則に帰れば、持続可能（サステナブル）な開発とは、現在および将来の世代について開発と環境の必要性を公平にし、自然と調和しつつ健康で生産的な生活を送るべきである、としている。次の世代にも豊かな環境を引き継ぐというリオ宣言は人類全てに発した宣言である。さらに、前述の2015年国連の持続可能な開発目標「ＳＤＧｓ」において、14番目に「海の豊かさを守ろう」、15番目に「陸の豊かさも守ろう」と掲げている。

海と陸の資源を保全し、生態系の保全と生物多様性の増進を図ることである。これは、広域的な環境汚染を経験したわが国は当然として、全世界の目標である。

　サステナブルとＳＤＧｓを出すまでもなく、わが国では、以前から、開発と環境の調和の重要性は指摘されている。明治期に活躍した実業家である渋沢栄一氏は、経済と道徳の調和が経済活動の基本である、と語っていた。また、経済学者の宇沢弘文氏は、広域的な自然環境は、国民のためになくてはならない社会的共通資本である、と述べている。

　広域的な自然環境は、経済、社会の安定的な発展に不可欠であり、豊かな文化と生活を持続する上でも基盤となるものである。古来、日本人は、豊かな自然環境の中で暮らしてきた。山が豊かで、野が豊かで、海が豊かであって、日本が豊かとなる。豊かな自然は、豊かな文化を育み、全ての動植物と人を豊かにする。「環境を汚すなかれ」という単純明快なことは、倫理的な行動規範の根源的な基本である。

事例	原因物質	汚染環境	農林水産業の影響
足尾銅山鉱害 （1891年帝国議会提出）	硫酸銅、硫化ガス	農地 河川 森林 大気	農地汚染 水稲被害 魚類被害 森林枯死
水俣病 （1968年国の認定）	有機水銀	海域	海水汚染 魚介類汚染 海底汚染
福島第一原発事故 （2011年東日本大震災）	放射性セシウム等	農地 森林 内水面 海域 大気	農地汚染 農作物汚染 家畜被害 林産物汚染 魚介類汚染

環境あっての開発

持続可能な開発
　（環境と開発のリオ宣言
　　1992 年）
・開発と環境の調和
・現在と将来世代のために

ＳＤＧｓ（持続的な開発
　目標2015年）
・世界の誰一人取り残さない
・「つくる責任つかう責任」
・「海の豊かさを守ろう」
・「陸の豊かさも守ろう」

図 15-1　広域的環境汚染と生物系産業の影響

第16章　バイオマス（生物資源）の利活用
―バイオマスを基調とした持続発展的な社会―

バイオマス利活用の展開

　倫理的行動の目標としては社会貢献することであるが、それは持続発展的な社会の形成に寄与することでもある。このため、開発と環境を調和しつつ、地球環境問題の取り組みを含めた「環境保全」の取り組みが大変重要となっている。環境保全は、みんなが、自分と他人のために自律的に取り組まなければならないという性格のものであることから、倫理的行動が不可欠なものである。生物系産業としては、地球環境問題を含めた環境保全の取り組みとして、「バイオマスの利活用」の取り組みが一番重要であることは言うまでもない。これは、生物系産業は、バイオマス（生物資源）を基盤に立脚している産業であるからである。

　バイオマス（biomass）とは、もともと生態学の用語で、一定の生態空間に存在する生物量のことである。一方で、政策上の「バイオマス」とは、その中でも、とくに未利用の生物資源のことを指していることが多い。バイオマスは生物由来の資源であるから、大気中の二酸化炭素を増やさないという意味で「カーボン・ニュートラル」と言われる。これは、例えば、木は成長するときに光合成作用により二酸化炭素を吸うが、燃えた時には二酸化炭素（カーボン）を大気に出して戻すので、プラス・マイナス・ゼロとなることである。

　ただし、このカーボン・ニュートラルは、バイオマスの全体量が維持されていることを前提としている。バイオマス全体量が縮小すれば、その分、大気中の二酸化炭素は増加することになる。逆にバイオマスが純増すれば、大気中の二酸化炭素がその分減るので、カーボンマイナスとなる。これからも分かるよ

うに、バイオマスを利活用したら、その分、あるいはそれ以上の分を補うことが必要である。木を切ったら、その分、植林し育林することが大事である。「緑を維持し、増やすこと」が大事である。

また、石油等の化石燃料に替えて、暖房や発電の燃料としてバイオマス（木質、食品廃棄物など）を使用すれば、その分、石油からの二酸化炭素の発生量を削減することができる。さらに、石油系のプラスチックから生物資源を原料としたバイオマスプラスチックを使用すれば二酸化炭素の削減効果がある。

ところで、バイオマスは、ごく若い化石資源とも言われる。石炭は、植物資源が地中で熱や圧力により炭化し凝縮したものであると言われている。石油の起源は諸説あるが、微細な藻類などの生物が海底に堆積してできたものと言われれている。このように、化石燃料資源は、もともと生物資源であったとされる。バイオマスも化石燃料も広い意味では炭素化合物である。したがって、原理的には、石油から造られる燃料やプラスチックなど全てのものは、バイオマスにより同様なものを造り代換えすることが十分可能である。もっともプラスチック製品の方が、化学技術を使って、木質製品を真似したものと言えるが。

バイオマスの利活用が、国の政策において最初に取り上げられたのは、2002年の「経済財政運営と構造改革に関する基本方針」、いわゆる「骨太方針」が初めてである。この骨太方針で、地域の産業活性化の一環として「バイオマス戦略」が打ち出され、地域の農林水産資源を活用した新たなバイオマス産業として育成することとされた。

このバイオマス戦略を具体化したものが、2002年に策定された「バイオマス・ニッポン総合戦略」（閣議決定）であり、政府一丸となった施策の推進体制がスタートした。その後、2005年にＣＯＰ３で採択した京都議定書が発効し、実効性のある地球温暖化対策の実施が喫緊の課題となるなど、バイオマス利活用を巡る情勢が大きく進展した。これを踏まえて、2006年３月に新たな「バイオマス・ニッポン総合戦略」が閣議決定された。この新たなバイオマス・ニッポン総合戦略の狙いは次の４つである。

① 「地球温暖化の防止に向けて」

　　京都議定書目標達成計画の中で、温室効果ガス（二酸化炭素等）の排出削減対策と
して、バイオマス利用の推進が取り上げられ、地球温暖化対策の柱の1つとされた。

② 「循環社会の形成に向けて」

　　限りある資源を有効活用する循環型社会に移行することが求められている。バイ
オマス資源だけでなく、あらゆる資源についてリサイクルを行うことが社会の基本
とすることが必要であるとされた。

③ 「競争力のある新たな戦略的産業の育成に向けて」

　　バイオマスを新たな製品やエネルギーに利用することにより、新しい環境調和型
産業とそれに伴う新たな雇用の創出、バイオマス関連産業を戦略的産業として育成
することが必要であるとされた。

④ 「農林漁業、農山漁村の活性化に向けて」

　　バイオマス資源の多くは農山漁村に存在している。バイオマス利用は、農林漁業
にエネルギーや工業製品の供給という可能性を与え、地域の活性に貢献するものと
された。

　このように、バイオマスの利活用は、地球温暖化防止対策としての「温室効
果ガス削減」対策だけでなく、もともとは、食品廃棄物などの未利用資源の利
用による「リサイクル社会の形成」「環境調和型産業の育成」、そして「地域の
活性化」を狙いとしているのである。以後、内閣の「バイオマス・ニッポン総
合戦略」をバイオマス活用の基本指針として施策が展開されてきた。

　2009 年には、「バイオマス活用推進基本法」が成立した。これは、国会議員
の尽力により議員立法として全会一致で成立したものである。この法律の成立
により、バイオマス活用施策は法律の裏付けのある恒久的な施策となったとい
う意味でも画期的なことであった。当時、バイオマス活用は、地球温暖化防止
対策、地域の活性化のため、政策的に継続的に取り組むことが大変重要である
という認識が高まり、関係国会議員において精力的に法制化が検討され、議員
立法として成立したものである。

　この基本法において、バイオマスの活用の推進に関し、基本理念を定めるこ

ととし、バイオマス活用の推進に関する施策を総合的かつ計画的に推進し、持続的に発展することができる経済社会の実現に寄与するとしている。11 の基本理念が挙げられており、「地球温暖化の防止に向けた推進」「循環型社会の形成に向けた推進」「農山漁村の活性化等に資する推進」「バイオマスの種類ごとの特性に応じた最大限の利用」「エネルギー供給源の多様化」「地域の主体的な取組の促進」などである。政府は、関係行政機関による「バイオマス活用推進会議」、専門家から構成される「バイオマス活用推進専門家会議」を設置するとされた。

また、政府は「バイオマス活用基本計画」を策定するとともに、都道府県は「都道府県バイオマス活用推進計画」、市町村は「市町村バイオマス活用推進計画」を策定することに努めることとされた。なお、従来の「バイオマス・ニッポン総合戦略」に基づいて策定されていた「バイオマスタウン構想」は、「市町村バイオマス活用推進計画」の策定に移行することとなった。この基本法に基づき、国のバイオマス活用推進基本計画が 2010 年に策定された。この基本計画に沿って、バイオマス利活用が、総合的体系的に推進されている。この基本計画は、定期的に見直されることになっている。

2016 年新たなバイオマス活用推進基本計画が策定された。基本的な方針として、地域のバイオマスを活用して地域主体となった事業を創出し、農林漁村の振興や地域の活性化につなげるとした。目標（2025 年）として、「年間約 2,600 万炭素 t のバイオマス利用」「全都道府県、600 市町村でバイオマス活用推進計画を策定」「5,000 億円の市場を形成」を掲げている。

一方で、当時、世界では、太陽光発電やバイオマス発電等の発電が進展していた。さらに、2011 年の福島第一原発事故の発生などもあった。このような背景から、2012 年に電力の固定価格買取制度、いわゆる「ＦＩＴ（Feed in Tariff）」が創設された。これは、再生可能エネルギー発電の電気を、政府が決めた価格で電力会社が買い取ることを義務付ける制度である。バイオマス発電もこの再生可能エネルギー発電として、このＦＩＴ制度の中に位置づけられた。地域の未利用資源であるバイオマスが、発電燃料として本格的に利用されることとな

り、地域自立型エネルギー供給の重要なものとされることになった。

　2012 年に、バイオマスの事業化を効果的かつ加速的に進めるため、国のバイオマス活用推進会議において「バイオマス事業化戦略」が策定された。これは、バイオマスは多様な種類があり、かつ利用技術も研究、実証、実用化の段階と様々である。このため、バイオマス利用技術とバイオマスの選択と集中により、一層の事業化の推進を図るものである。これにより、地域産業の創出と自立・分散型エネルギー供給体制を強化することとした。

　このため、地域バイオマスを活用した産業創出と地域循環型エネルギーシステムの構築に向けた「バイオマス産業都市」（バイオマスタウンの発展・高度化）の策定を促進するとした。また、「技術ロードマップ」が示され、事業化に重点的に活用される実用化技術と利用バイオマスが整理されている。

地球温暖化防止対策とバイオマス利活用

　バイオマス活用推進基本法の基本理念の１つに「地球温暖化の防止」を掲げている。地球温暖化防止対策は、あらゆる産業活動だけでなく、あらゆる社会的活動において、また、組織としても、現場においても、みんなが取り組まなければならないものである。全世界のみんなが取り組まなければ、実効が上がらないという意味でも、地球温暖化の取り組みは、現代における世界的規模の倫理的行動であるといえる。

　1997 年に京都で開催されたＣＯＰ３（第３回気候変動枠組条約締約国会議）において京都議定書が採択された。参加国は、温室効果ガスの削減が義務付けられ、原則として 1990 年を基準として第一約束期間（2008〜2012 年）の削減目標が設定された。わが国は、6％削減目標を設定した。この 6％削減は、当時として厳しいもので達成が危ぶまれたが、結果的に 8.7％の削減となり約束期間の目標を達成した。この達成には、森林吸収源対策（間伐材等の森林整備）の実施が大きく寄与した。なお、この第一約束期間には、中国、インド、米国は参加していない。その後の第２約束期間（2013 年〜）は、日本は参加せず自主的な取り組みとなった。

　2014 年にＩＰＣＣ（気候変動に関する政府間パネル）の第５次評価報告書が提出された。この報告書において、「温暖化については疑う余地がない。人為起源の温室効果ガスの排出が、20 世紀半ば以降に観測された温暖化の支配的な原因であった可能性が極めて高い」と述べている。このＩＰＣＣの報告を受けて、2015 年にパリで開催されたＣＯＰ21 において、全世界の国が参加する「パリ協定」（2020 年から実施）を採択した。このパリ協定は、各国の締結が早期に進んだことから、１年足らずの早期に発効した。パリ協定においては、世界共通の目標として、産業革命前からの世界の平均気温の上昇を 2℃以下に、できれば 1.5℃に抑える努力をすることとされた。

　実際に、大気中の温室効果ガス濃度は、産業革命以前から急増してきている。大気中の二酸化炭素の濃度は、産業革命以前の 250ppm から、現在は約 400ppm に増加している。少し前までは、大気中の二酸化炭素の濃度は 300ppm と教えられていたが、今では高いレベルになっている。

　一方で、2017 年６月に米国（トランプ大統領）は、パリ協定からの離脱を発表した。なお、バイデン次期大統領は、パリ協定の復帰を表明している。また、2019 年にマドリードで開催されたＣＯＰ25 においては、各国が提出している温室効果ガス削減目標の上積みを促すこととされた。国際間の排出量取引の仕組みについては意見がまとまらなかった。なお、次のＣＯＰ26（英国で開催）は、新型コロナの影響もあり延期され、2021 年の開催予定となった。

　日本は、パリ協定に沿って、実現可能性のある削減目標として、2030 年度を目標に 2013 年度比で 26.0％減とする約束草案を提出している。この 26％削減のためには、産業部門はもとより、事務部門、運輸部門、エネルギー転換部門において、あらゆる削減の取り組みを積み上げる必要があるとされている。農林水産分野においても、各種の対策（排出削減、森林吸収、農地土壌吸収）に取り組むとしている。また、長期的な温室効果ガス削減の目標として、2050 年度までに 80％削減するとされている。これを達成するには、一層の省エネ技術、エネルギー転換技術等の技術革新の促進、温室効果ガスの排出管理規制等の仕組みの導入が必要となると見込まれている。

さらに、2020 年 10 月の首相の所信表明で、「温室効果ガスの排出を全体として、ゼロにする、すなわち、2050 年カーボンニュートラル、脱炭素社会の実現を目指すこと」を宣言した。このためには、革新的なイノベーションの促進、グリーン投資の普及、省エネの徹底、再生可能エネルギーの最大限の導入など、「脱炭素社会」の実現に向けて思い切った施策を総力を挙げて取り組むこととされた。

生物系産業の温室効果ガス削減対策

わが国の温室効果ガスの排出量全体の中で、農林水産分野は約 4%とされており他産業に比べて比較的少ない。しかしながら、地球温暖化は農林水産業と食品産業に大きな影響を与えることもあり、温室効果ガスの排出量削減には積極的に取り組む必要がある。温室効果ガスＧＨＧ（Green House Gas）には、多数の種類のガスがある。

特に、農林水産業関係の特徴として、二酸化炭素（CO_2）だけでなく、メタン（CH_4）、一酸化二窒素（亜酸化窒素　N_2O）の排出が大きいことである。二酸化炭素の排出は、主に、エンジンやボイラー等で使用される石油系燃料の燃焼により排出される。メタンは、水田土壌から、また家畜のゲップや排せつ物からも発生する。一酸化二窒素は、農地の土壌などから排出される。このメタンと一酸化二窒素は、農林水産分野の温室効果ガス（二酸化炭素換算）の 7 割近くを占めており大きな割合となっている。

メタンは、湿潤な有機物があれば、酸素の少ない嫌気性の環境下でメタン菌の活動により容易に発生する。なお、メタン菌は、地球の大気に酸素がまだない大変古い時代から生息している微生物である。天然ガスを主な原料としている都市ガスも、主成分はメタンである。また、一酸化二窒素は、主に、土壌中の窒素成分が微生物菌の作用で発生する。とくに留意しなければならないのは、温暖化係数（ＧＷＰ：Global Warming Potential、二酸化炭素を基準にした温暖化効果の指数）が、二酸化炭素を 1 として、メタン 25、一酸化二窒素 298 であることである。つまり、同じ量でも、二酸化炭素と比べて、メタンは約 30 倍、一酸化二窒素は約 300 倍の大変に高い温暖化効果がある。この意味からも、メタン、一

酸化二窒素を極力発生させないことが重要である。発生してもそのまま大気中に放出することを避けることが必要で、特にメタンはエネルギー源（発電燃料等）として燃焼して活用することが大事である。

　一方で、温室効果ガスの、吸収、固定面では、管理された森林の温室効果ガスの吸収効果が大きい。農地においても土壌中の有機物の蓄積による炭素固定効果が高い。また、浅海域における海底の生態系内に貯留された炭素（ブルーカーボン）の存在も注目されている。

　このような農業分野における温室効果ガス排出の状況から、温室効果ガスの削減関係について、主な対応は次のとおりである。

温室効果ガスの排出抑制として

・燃料由来の温室効果ガス削減の直接的な対策として、機械機器関係の燃料の効率的な使用、省エネの実施、また、照明関係でLED化の促進。

・畜産関係では、メタン発生抑制として、飼料の改善、飼養法の改善、また、家畜排泄物の管理方法の改善。

・水田関係では、メタン発生抑制として、水管理方法の改善、有機物の管理方法の改善。特に「中干し」（酸化状態）の有効活用。

・畑地等関係では、一酸化二窒素発生の抑制として、余分な過剰の窒素肥料を控えること、遅効性の窒素肥料の使用。

高温対策として

・稲では、高温でも白未熟粒等の発生が少ない高温耐性品種の導入、ミカンでは、中晩柑への転化。野菜では、温室施設内の高温抑制のための遮光資材、細霧冷房等の導入。

炭素貯留機能の促進として

・農地の炭素貯留機能の促進として、炭素窒素率の高い有機物の投入、リグニン等の難分解性物質の多い有機物の投入、不耕起、省耕起等の導入。

再生可能エネルギーの利用促進として

・食品廃棄物、家畜排せつ物、また木質（間伐材、端材等）を原料としたバイオマス発電、発生熱の利用。

・農業用温室、温熱・温水供給等のボイラーの木質チップ、ペレット燃料の利用。また、木質燃料ストーブの利用。

バイオマスの利用状況

　バイオマスの種類は、主に廃棄物系、未利用系に分かれており多くの種類のバイオマスがある。その中で、特に、農業・食品と林業分野に関係する主なバイオマスについて、年間発生量、炭素換算値（炭素のみの量）および利用率等を示すと以下のとおりである（農林水産省の資料より作成）。

表　農業・食品分野に関係する主なバイオマス

バイオマスの種類	年間発生量 （2015 年）	炭素換算値 （2015 年）	利用率 （2015 年）	目標 （2025 年）
家畜排泄物	約 8,100 万 t	486 万 t	約 87%	約 90%
下水汚泥	約 7,800 万 t	90 万 t	約 68%	約 85%
食品廃棄物	約 1,700 万 t	65 万 t	約 29%	約 40%
農作物非食用部 （すき込み除く）	約 1,300 万 t	438 万 t	約 32%	約 45%
林地残材	約 800 万 t	420 万 t	約 13%	30%以上

※年間発生量は、湿潤重量、ただし林地残材は乾燥重量。
※炭素換算値は、炭素相当量で、水分、その他成分を含まない。

　この表で分かるように、とくに、バイオマスの中でも食品廃棄物は、その利用率が低く十分でない。事業系廃棄物と家庭系廃棄物に分かれるが、家庭系の食品廃棄物の利用率は数％程度と大変に低く、大半は焼却処分されている状況にある。このため、食品廃棄物の利用として、さらに、肥料化、飼料化、メタン化等を促進する必要がある。温室効果ガス発生抑制のためだけでなく、資源リサイクル社会の促進、地域活性化のためにも、食品廃棄物の利用を促進することが重要である。

　また、これに関係し、食品廃棄物の中には、食べられるのに捨てられているもの、いわゆる「食品ロス」の問題がある。この食品ロスは、年間約 650 万トンが発生していると推計されている。事業系廃棄物と家庭系廃棄物でほぼ半数ずつ発生していると見込まれている。わが国の米の生産量が年間 700 万〜800

万トンである。また、世界の飢餓を防ぐための世界の食料援助量は約320万トン（2014年）である。これらの米の生産量、食糧援助量と比べると、食品ロスの量は大きなものであることが分かる。また、日本においても、いろいろな事情で食事が十分でない子供達がいる。このように食品ロスの問題は、経済的損失や資源・環境問題であるだけでなく、社会的な問題で、人道的、倫理的な課題でもある。

　食品関係産業においても、食品ロス発生の抑制のため、需要に見合った製品の製造、不具合製品の製造の減少、商習慣（3分の1ルール等）の改善による返品抑制などが実施されている。小売り販売においても、消費及び賞味期限が近い食品の値引き販売等により、売れ残りを少なくする取り組みが行われている。消費者においても、過剰な食品の購入抑制、賞味・消費期限の理解の促進、冷蔵庫内食品の適切管理、食べ残し減少などの努力が必要である。

　食品ロスの問題については、食品の製造、販売、消費の一連の段階を通し、「もったいない」精神を十分に発揮して、経済的損失を防ぎ、資源の有効利用、また人道的、倫理的な観点からも、行動をできることから着実に実行することが必要である。

　次に、家畜排泄物の利用率は、約90％と高くなっている。これは、1999年に家畜排せつ物法（家畜排せつ物の管理の適正化及び利用の促進に関する法律）が制定されたこともあり、家畜の排せつ物の処理・保管の適正化が促進されたことによる。今後、より高度な利用が課題である。

　また、農作物非食用部の利用率は、約30％にとどまっている。農産物非食用部は、主に、稲わら、麦わら、もみ殻、糠（ぬか）、ふすまが多い。これらは、以前、貴重な資源として、生活用品の原料としていろいろな用途に利用されていたものである。また、稲わら等の多くは、以前、圃場から取り出され、堆肥の原料等に使われていた。現在、収穫時に稲わら等は切断され圃場に散布されて、すき込まれることが多い。表には、このすき込まれたものはカウントしていない。もみ殻、糠（ぬか）も、利用されずに廃棄されるものが増えている。

　なお、バレイショや果実では、規格等に合わないなどにより、収穫段階や選

果段階で約10%が廃棄されているという推計もある。これらは、食べることができるものも多く、食品ロスと同様に「農場ロス」の問題としてとらえることが必要である。

　林地残材の利用率は増加してきたが、約13%と、なお低い水準にある。林地残材としては、間伐（立木が過密にならないように間引く）で伐採された細い木、また、主伐でも山に残された梢端、枝葉なども含まれる。2012年にスタートしたFIT制度（電力固定価格買取制度）により、林地残材を原料とするバイオマス発電所が増えたことにより、利用率は増加傾向にある。なお、木質バイオマス発電のうちで、未利用木材発電については、間伐材等由来の原料は、林野庁の「発電利用に供する木質バイオマスの証明のためのガイドライン」に基づく証明が必要である。

　わが国の国土の3分の2は森林で、森林蓄積量は52億㎥（林野庁　森林資源現況調査）と膨大であり、年々1億〜2億㎥蓄積量が増大している。しかしながら、ヨーロッパと比べてみると、わが国の森林で伐採利用された量は、単位面積当たりでも大変に少ない状況にある。したがって、森林管理を適切に実施しつつ、用材の利用を基本にしつつ、林地残材の利用を促進する必要がある。

　日本は資源に乏しいとされているが、森林資源は膨大に存在する。森林資源は、縄文時代から利用されてきた資源であり、石油資源と同様に、多様な利用が可能な有用資源である。森林資源から、板の利用は当然として、発電やボイラーの燃料（チップ、ピレット）利用、各種プラスチックや化成品の原料利用などの広い分野の利用をさらに促進することが必要である。

多様なバイオマス利用技術

　バイオマスを利活用するには、バイオマスを加工変換して、利用できるものに変える必要がある。現場等で実用化されている利用化の変換技術は以下のとおりである。なお、農林水産省の「バイオマス利用技術の現状とロードマップ」、その他を参考とした。

① 個体燃料化

木質系・植物系バイオマスを、物理的処理でチップ、ペレット、また固形化するものである。木質バイオマス発電だけでなく、温湯用ボイラーや温室用暖房機、室内用ストーブなどの燃料に使用される。特に木質チップは、木質再生可能エネルギーである木質バイオマス発電の原料として多用されている。

② 気体燃料化

代表的なものがメタン発酵である。食品廃棄物、家畜排泄物、下水汚泥を原料とする。このバイオメタンガスは、発電の燃料に利用される。同じ成分である都市ガスとしても利用することができる。最近、間伐材を湿式ミリング処理して効率的にメタン発酵することが可能となった。

更に、バイオメタンガスは、改質処理で容易に水素を製造することができる。この「バイオ水素」は、発電の燃料、水素燃料自動車、水素電池自動車に利用することが可能である。バイオ水素は、エネルギー効率も高く、燃焼して水となることから最強のクリーンエネルギーである。

③ 液体燃料化

バイオディーゼルは、廃食用油や油糧作物の油を原料にして、エステル化して製造される。主に、ディーゼルエンジンの燃料として利用される。なお、油分含量の高い藻類を大量培養し、油分を抽出・精製・処理してジェット機の燃料などに使用することが開発されている。

④ バイオアルコール化

わが国では、余剰の糖質・デンプン質系の農産物を原料として、効率的にアルコール発酵で生成したアルコールの利用が試行された。主に、ガソリンに一定割合に混合して、自動車の燃料として使用可能である。なお、米国ではトウモロコシ、ブラジルではサトウキビから、バイオアルコールが本格的に生産され利用されている。

わが国でも、2008年に国でバイオ燃料技術革新協議会が設置され、多収量資源作物の開発利用、低コストのエタノール製造技術等の開発検討が行われた。なお、稲わら等のソフトセルロース、木質等のハードセルロースをエタノール発酵する技術も研究実証された。

⑤　マテリアル利用化

　代表的なのは、「バイオマスプラスチック」である。加工用のトウモロコシ、サトウキビ、油糧植物などを原料としたバイオマスプラスチックは、世界的に開発され、既に実用化されている。各種の包装、容器、部品などでの利用が増加してきている。また、木質バイオマスの活用でセルロース繊維やリグニンを精製加工して、バイオマスプラスチックの素材利用の実証・実用化が進んでいる。

　プラスチックの海洋廃棄が生物生態系に悪影響を与えることで、国際的に大きな問題となっている。このため、生物資源由来のバイオマスプラスチックの意義が高まっている。バイオマスプラスチックは、原料がカーボンニュートラルの生物資源であり、また、土壌中等の環境中で微生物の働きにより分解するもので生分解性のプラスチックが多い。

　今後とも、多様なバイオマスプラスチックが開発され、多くの生活用品や各種資材など多様な用途に利用拡大が促進されることが期待されている。

⑥　肥料化、飼料化

　肥料化、飼料化はバイオマスのマテリアル利用として、従来から汎用化利用されてきている基礎技術である。バイオマスの基礎的な利用として最も重要なものである。肥料化（堆肥化）の原料としては、食品廃棄物、農産物非食用部（稲わら、もみ殻等）、家畜排泄物などである。堆肥化に当たっては、発酵を十分に行い、悪臭を防ぎ、完熟した堆肥とすることが肝要である。飼料化（エコフィード）は、飼料に適する食品廃棄物、食品副産物などを原料として製造され、乾燥タイプ、液状（リキッド）タイプ等がある。

　肥料化、飼料化は、取り組みも比較的容易であり、資源のリサイクルとしても最も基本で重要な取り組みである。

バイオマス利活用の考え方

　これらのバイオマス利活用を行う場合、効果的かつ効率的に行うことが重要である。このための基本的な考え方を3つ挙げると以下のとおりである。

　1つは、カスケード（多段的）利用である。バイオマスは、植物が大気の二酸化炭素を取り込み土壌等の水を吸収し、太陽光エネルギーによる光合成作用に

より段階的に糖質等の有機物を生成し、時間をかけて蓄積された貴重な生物資源である。この貴重なバイオマスを利用する場合、単に燃やして終わりでなく、最大限に有効に利用しなければならない。できるだけ多様なものに利用するよう工夫することが重要である。学術的に言えば、生物資源である高分子の有機物を、徐々に低分子のものにして段階的に効果的に利用することでもある。

　段階的に多用途で利用する例として、例えば、食品廃棄物の場合、まず飼料化し、その家畜排せつ物を発酵しメタンを発電や熱利用し、その残渣を肥料として利用することである。肥料利用されることで、食品廃棄物が土に還り再び農作物の栽培に利用されることになる。生物資源の完全かつ持続的なリサイクルの実現となる。

　また、木は種類や部位や形状などによって、板用、合板用、ボード用、パルプ用、エネルギー用（チップ、ペレット、マキ）と多用途に利用できる。最終的には、堆肥・土壌改良資材（バーク、皮・チップ、焼却灰）に利用することもできる。このように、林地残材や製材等残材などの木質バイオマスは、用途に応じて多段階的に多様に効果的に利用することが可能である。

　2つ目は、バイオマスの効率的収集と総合的利用である。海外と異なり、日本は自然環境が豊かであることから、一定地域に多種多様なバイオマスが存在している。生活系バイオマス（食品廃棄物、下水汚泥等）だけでなく、事業系バイオマス（家畜排せつ物、食品加工残さ等）、農林水産系バイオマス（稲わら、間伐材等）などが豊富に発生し蓄積されている。これら多種多様なバイオマスを効率的かつ総合的に収集し、利用することが重要である。

　多種類のバイオマスを連携して収集することにより、収集が効率的に行うことができる。また、一定地域で、複数のバイオマス変換プラントを設置し、複数のバイオマスを総合的に利用することが効果的である。例えば、メタン発電プラントの原料は、生活系の食品廃棄物だけでなく、事業系の食品廃棄物、家畜排せつ物、下水汚泥などの複数のバイオマスを総合的に利用することも重要である。これは、発酵発電施設の高度利用やメタン発酵の効率向上のためにも有効である。また、肥料（コンポスト）化プラントには、多くの種類のバイオマ

スを原料として利用できる。地域で発生する種々のバイオマスは、最後まで多様に利用する仕組みとすることが重要である。

　3つ目は、バイオマス利活用は、地域全体として組織的な取り組みが必要である。そのためには、具体的には、バイオマス利活用の取り組み体制の整備と基本方針とプランの策定が重要である。バイオマスの利活用は、手順的には、①バイオマスの円滑な収集、②バイオマスの効率的な技術的変換　③効果的な利用の3段階である。このような収集、変換、利用を円滑に進めるには、関係者、組織の連携と協力が不可欠である。連携と協力を効果的に進めるには、地域の取組体制を構築し、バイオマス活用の指針となる総合的プランの策定が重要となる。

　このためには、前述のバイオマス活用推進基本法の趣旨に沿って、それぞれの地域の事情に応じて、地域バイオマス推進体制を設立し、地域のバイオマス活用プランを策定することが効果的である。地域のバイオマス活用プランとしては、以前の「バイオマスタウン構想」、現行の「市町村バイオマス活用推進計画」「バイオマス産業都市構想」などがある。

　「バイオマスタウン構想」は、以前に318の市町村で策定された。さらに、19都道府県でバイオマス活用推進計画、65市町村でバイオマス活用推進計画が策定されている。また、90の市町村で「バイオマス産業都市構想」が策定されている（2019年現在）。今後も、地域のバイオマス活用推進のためにこれらのバイオマス活用プランの策定が各地域で取組まれ、バイオマスの利用が組織的、総合的に促進されることが強く望まれる。

再生可能エネルギーとバイオマス発電

　再生可能エネルギーとは、先に述べた電力の固定価格買取制度「ＦＩＴ」に基づくものである。具体的には「太陽光発電」「風力発電」「中小水力発電」「地熱発電」、それに「バイオマス発電」のことである。再生可能エネルギーには主に4つの効果がある。列記すると次のとおりである。

①　温室効果ガスを削減し、地球温暖化防止の効果

② 国産エネルギーの増加によるエネルギー自給率向上の効果

③ 地域の関連産業創出や雇用拡大による地域活性化の効果

④ 地域自立型の発電として緊急・災害時の地域電力の安定供給の効果

　どの効果も、わが国の経済社会の発展にとって大変重要なものである。特に、バイオマス発電は、他の再生可能エネルギーと異なり、基本的に地域で発生して存在している廃棄物や未利用資源を燃料として有効利用するものである。このため、再生可能エネルギーの中でも、バイオマス発電は、気象に影響されず、年間にわたり安定的な発電が可能である。また、地域環境保全の効果、資源リサイクルの促進効果があることが特徴である。さらに、地域のバイオマス資源を利用することから、地域資源の購入、雇用の拡大などにより地域経済の活性化に寄与している。

　特に、最近注目されているのは、豪雨、地震などの災害発生により地域の送電が遮断された場合、地域自立型の発電として、地域に安定的な電力が供給できるという役割が期待できることである。このように、バイオマス発電は、地域社会への貢献の度合いが高いものである。

　ＦＩＴ制度が創設されたことにより、再生可能エネルギー全体の取り組みが促進された。制度開始からの買取り電力量は 2020 年 6 月現在で、太陽光発電（住宅と非住宅用）が 9 割と圧倒的に多く、バイオマス発電は 4％程度となっている。このように、太陽光発電が当初想定した以上に大きく増加している。これにより、全体の発電量に占める電源構成において、再生可能エネルギー（水力発電を含む）の電力量の割合は大きくなってきている。再生可能エネルギーの割合は、2010 年度に 9％であったが 2019 年度には 18％に上昇しており、その後はさらに高まっていると見込まれる。長期エネルギー需給見通しの電源構成（いわゆるエネルギーミックス）では、目標年の 2030 年度において、再生可能エネルギーは 22～24％を占めるとの見通しが示されている。したがって、再生可能エネルギーは、この見通しに近づきつつある。なお、原子力発電の見通しは 20～22％としており、再生エネルギーと同程度となっている。また、石炭火力

発電の見通しは 26% となっている。更に、今後、温室効果ガス排出の実質ゼロを実現するためにも、再生可能エネルギーの構成割合を一層高める（50〜60%）ことが検討されている。

　このように再生可能エネルギーの導入が拡大してきたが、太陽光発電の導入の偏重、再生可能エネルギー電力の国民の負担の増大などの問題点が生じてきている。このため、入札制の導入、未稼働案件の防止などの認定制度の見直し等の対応がなされた。バイオマス発電においても一部に買取り価格が入札となった。一方で、再生可能エネルギーは、2018 年のエネルギー基本計画において、エネルギー供給の一翼を担う長期安定的な「主力電源」として位置づけられた。とくに、バイオマス発電は、「地域活用電源」として、災害時緊急時における地域のレジリエンス（適応回復力）の強化に資することが期待されている。
　また、国は競争力のある電源への成長が見込まれるものは、今後、電力市場と連動した支援制度（ＦＩＰ制度）に移行するとしている。

　バイオマス発電の状況を見ると、ＦＩＴ制度が発足後、全体で 432 件の施設が導入設置された（2020 年 6 月現在）。なお、バイオマス発電は、主に使用原料の種類によって区分されており買取り価格等が異なっている。導入設置件数の内訳は、メタン発酵ガス発電 190 件で比較的多い。また、未利用木材発電 74 件、一般木材・農産物残さ発電 59 件、建築廃材発電 5 件、産業廃棄物等発電 104 件となっている。
　このうち、未利用木材発電は、間伐材等からの製造される木質チップなどを原料として発電するものである。未利用木材発電は、発電規模（2,000kW 以上と 2,000kW 未満）によって、発電電気の買取り価格が異なって決められている。また、未利用木材発電の 1 施設当たりの平均発電規模は、約 5,400kW となっている。
　バイオマス発電の地域貢献の例として、この未利用木材バイオマス発電について、少し具体的に述べる。まず、山から切り出された間伐材等を燃料として利用することで、森林の管理整備に貢献することになる。また、木材加工業や

　木質チップ製造業の新たな創出や発展を促進することになる。さらに、未利用木材バイオマス発電の施設の設置や発電所稼働に関係して、多くの雇用も新たに創出される。例えば、中規模 (5,000kw) の木質バイオマス発電の事例では、燃料として木材チップ（年間使用量、約6万t）を使用し、その購入代金（数億円）が毎年支払われて、地域や林業関係者に還元される。さらに、雇用関係では、発電所稼働のための直接的な雇用だけでも 10 人以上の規模となる。このように、関係事業の雇用者も合わせると相当な規模の雇用創出となる。

　さらに、木質バイオマス発電は、規模にもよるが、発電効率は20〜30％程度である。したがって、電気に使われていないエネルギーも多く発生することから、これを熱として回収し利用して地域に貢献することができる。このバイオマス発電における熱利用は、今後の課題である。また、発電コストの低減が今後の大きな課題である。このようにバイオマス発電等は、地域の産業創出と雇用の増大につながり、地域の活性化に大きく寄与するものである。

　また、木質バイオマスの利用の取り組みとして、里山の公的施設で、木質燃料（チップ等）利用の温浴施設を設置している事例がある。里山の手入れにもなるし、湯にぬくもりがあると住民から好評であった。最近、日本各地で豪雨や地震などの災害で、地域が孤立することが大きな問題となっている。避難生活も長く続くと生活も困窮してくる。避難生活を支援するため、バイオマス・ストーブやバイオマス・ボイラーの活用により、木質バイオマスの熱利用で暖房や温湯を供給することも必要である。

　特に、地域材を利用する木質バイオマス発電は、原料の地産地消の地域自立型電力発電所として、災害時における緊急対応として、地域と一体となって電力供給に機能を発揮することができる。特に、一定地域内における公的な施設や設備等に電力を供給するシステムとすることが可能であり、発電施設の避難所としての利用など多様な活用が期待される。さらに、山林から流出される被害木、建物の損壊で発生する災害廃棄物などを燃料利用することで、地域の災害復興に大きく貢献できる。このように地域の木質バイオマス発電は、地域に貢献し、地域に頼られる施設である。

バイオマスを基調とした持続発展的な社会

　生物系産業は生物資源であるバイオマスに立脚した産業である。このため、生物系産業に関係する従事者にとっては、地域と地球的規模の環境保全とバイオマス利活用の取り組みは、倫理的行動としても最も重要なことである。

　今後、地球温暖化防止対策として、パリ協定の長期戦略により地球温暖化を1.5〜2度の上昇に抑えることが、世界的な使命となっている。わが国は、2050年までに温室効果ガスの排出を全体としてゼロとすることを目指すとされた。今後、「脱炭素社会」の実現に向けた取り組みが大きく進展することになる。

　実際に、地球温暖化の影響で自然生態系が悪化し、自然災害が世界的に多発している。わが国でも、近年、大型台風、大雨、土砂崩れ、猛暑が頻発しており、温暖化の進展とともに、生態系が大きな影響を受け、農林水産業へも深刻な影響が出てきている。従って、温室効果ガスの削減は、喫緊な取り組み課題となっている。

　さらに、海洋におけるプラスチック類の汚染防止対策としても、生物資源を原料としたバイオマスプラスチックへの利用の促進が期待されてくる。また、木質バイオマスからのセルロース繊維やリグニンも各種の素材として活用が可能である。木質資源は、集成材による大規模建築物等の国産材の利用も着実に進んでおり、また、石油系プラスチックに代わるものとして身近な利用が期待されている。

　このような地球的規模の温暖化と汚染に対応し、今後とも、生活水準を維持し、持続的発展な社会とするには、今まで以上に身近に存在する生物資源であるバイオマスを積極的に利活用することが基本となってくる。バイオマス資源は、石油資源と同様に、エネルギー利用とマテリアル（モノ）利用の両方が可能である。資源の乏しいわが国において、豊富な森林資源があり、廃棄物系のバイオマス資源は毎日発生している有用な資源である。これら資源を有効に活用することが、これからの社会では重要である。

　バイオマスの利活用の主な意義をあらためて述べると以下のとおりである。

1. バイオマスは大気の二酸化炭素を増やさないことから、その利用は、温室効果ガスの削減に寄与し、地球温暖化防止に貢献する。
2. バイオマスは石油資源と同様に、発電、熱などのエネルギー利用とともに、プラスチック、資材などのマテリアル利用が可能である。
3. バイオマスは地域資源であるから、その利活用により地域産業を創出し、新たな雇用が増大し、地域活性化が促進される。
4. バイオマスは地域の廃棄物系資源も多いことから、その利用は地域の環境保全に寄与し、地域資源のリサイクルに貢献する。
5. バイオマス発電は地域自立型のエネルギーシステムであり、災害・緊急時においても地域の安定的な電気・熱の供給が可能である。
6. 木質バイオマスの利活用は森林の間伐材などを利用することから、森林の適切な管理に寄与し、森林資源の育成と木材利用を促進する。
7. バイオマス由来のバイオマスプラスチックは自然界で生分解することから、海洋汚染、環境汚染を生ぜず、生態系を保全する。
8. バイオマス発酵メタンは都市ガスと同様の燃料利用が可能であり、また改質してバイオ水素として電動自動車や動力源の燃料に利用が可能である。

　既にエネルギー利用において、再生可能エネルギーの発電利用が着実に増えてきており、また、あらゆる原動機で、電気、水素などの利用等が加速的に増加してくると見込まれている。とくに自動車の電動化は世界的にも急速に進展していくものと見込まれている。また、照明関係でLED（発光ダイオード）が急速に普及したように、省エネルギー化がさらに促進されることとなる。

　マテリアル利用においても、レジ袋のバイオマス由来の原料を使った袋の利用が増えているように、生活用品や各種資材などについて、石油由来のマテリアルからバイオマス由来のマテリアルの利用が増加してくると見込まれている。

　このように、脱炭素化は着実に進んできており、今後、2050年に向けて温室効果ガスゼロを目指して、さらに加速しなければならない。この場合、バイオマス資源を最大限に活用してバイオマス関連の産業を発展させることが「グリーン社会」の実現の大きな柱となる。このためには、バイオマス資源の特性

を十分に活かして、新たなイノベーションにより、より効率の高い利用方法、新たな利用分野の開発に積極的に取り組む必要がある。地域の資源であるバイオマスをフルに利用することで地域経済の発展と環境保全の好循環が促進され、本来の意味のグリーン社会の実現が進展されることになる。

　また、世界的にも「脱炭素社会」に向けて、大きな変革がある中で、豊かな文化社会の持続的発展を図っていくためには、従来にも増して、人類と自然との共生と調和ある社会とする必要があると考える。人類は、有史以来、衣食住の源である生物資源を増進し利活用してきた。今後一層、自然環境の保全と再生可能な生物資源の利活用が重要となるものと考える。バイオマスの利活用は、これからの社会の持続的発展の為に大きな役割を果たすものである。
　今後、温室効果ガスの排出を全体としてゼロにし、グリーン社会の実現を目指すには、バイオマス資源を最大限に利用する社会、すなわち「バイオマスを基調とした社会」とすることが、将来にわたる持続発展的な社会の実現となるものと考える。

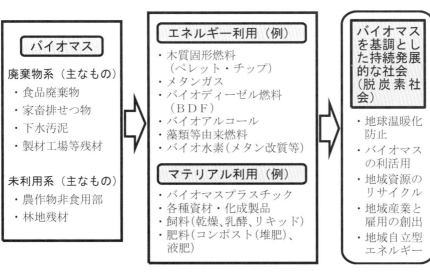

図 16-1　バイオマス利活用と持続発展的な社会

第17章　生物多様性と遺伝資源
―生物多様性と遺伝資源と遺伝子組み換え―

生物多様性をめぐる動向

　多様性（ダイバーシティ）という言葉は、近年、一般的に使用されているが、生物・環境の分野では、以前から生物多様性（バイオ・ダイバーシティ：Bio Diversity）という言葉が使用されている。生物多様性とは、生物の変異性のことで、単に種の多様性だけでなく遺伝子の多様性、生態系の多様性をいう。生物多様性は人類の持続的な生存に不可欠であり、地球温暖化と並ぶ地球的規模の課題である。生物多様性は、生物の進化の結果でもあり、これからの進化発展の原動力でもある。

　1992年にリオデジャネイロで「国連環境開発会議（地球サミット）」が開催され「環境と開発に関するリオ宣言」が採択され、これに合わせて「気候変動枠組条約」とともに「生物多様性条約」が署名されている。このように、生物多様性は、地球温暖化と双璧をなす重要な課題である。しかしながら、一般的には、地球温暖化問題はよく知られているが、生物多様性の重要性はあまり知られていないのは大変残念である。

　生物多様性条約は、生物多様性の保全に関する包括的な国際的枠組を設けるものである。これは、熱帯雨林の急速な減少、生息地の消失等により、生物種の絶滅が進行しており、人類の存続に欠かせない生物資源の消失等が進んでいるという状況が背景にある。条約の目的としては、①地球上の多様な生物と生息環境を保全すること、②生物資源を持続可能に利用すること、③遺伝資源の利用から生ずる利益を公平かつ衡平に配分することである。

　ここでいう「生物資源」とは、現に利用されているか、将来利用されることがあるかは問わず地球上の全ての生物資源である。政策で使われている未利用の生物資源を意味するバイオマスとは意味が異なることを最初に指摘しておく。生物資源が人類の生存に欠かせないと宣言していることが大変重要なことである。全盛を誇った恐竜が白亜紀末（約6,500年前）に絶滅したが、その原因は隕石の落下によるものとされている。粉塵が舞い上がり、太陽光が遮蔽され低温化という気候が激変した。これにより、植物資源が枯渇し、恐竜の餌が激減したことが直接の原因とされている。また、化石で知られている三葉虫、アンモナイトも海洋中の環境の変化で絶滅したとされている。

　これらの生物の大絶滅の例でも分かるように、地球の気候、自然環境は微妙なバランスの上に成り立っているものである。地球の気候は、小さなきっかけで大きく変動し、それに直接連動して、生物生息層も大きく変化することになる。人類は、生存のために、毎年、地球上の生物資源を大量に利用し消費している。人類全体の人口は増加しつつあるが、一方では生物資源は減少しつつある。毎年地球上で生産される生物資源の減少は、人為的な熱帯雨林の伐採などとともに、地球温暖化の進行による砂漠化、大森林火災の発生などによるものと考えられる。これらの原因は今後、さらに加速されるものと予測される。

　生物資源の減少が進めば、人類の生存そのものに大きな影響を与えることになる。人類の食糧は、直接、生物資源に依存していることは言うまでもない。生物資源の減少は、人類の生存の危機を促進させるが、その前に、先に野生生物種の絶滅が進行していくことになる。

　絶滅の恐れのある野生生物の状況は、レッドリストが示している。世界的には、国際自然保護連合（IUCN）のリスト（The IUCN Red List of Threatened Species）がある。2019年12月に発表されたレッドリストの絶滅危惧種は3万178種となり増加し、3万種を超えた。2000年には2万種以下であったので、約20年で1万種の絶滅危惧種が増えたことになる。これは、地球温暖化の進行により、異常気象の頻発、生息地の植生・生態の変化が、また人為的な熱帯雨林の伐採や開発などが野生動植物に深刻な影響を与えていることであると見られている。

　また、日本（環境省）でも「絶滅のおそれのある野生生物の種のリスト」を発表している。環境省レッドリスト 2020 の発表で絶滅危惧種が 40 種増加し、合計 3,716 種となった。動物は 36 種増えて 1,446 種、植物等は 4 種増えて 2,270 種であった。なお、絶滅危惧種とは、絶滅危惧種 I 類（I A 類、II B 類）と絶滅危惧 II 類の合計である。

　特別天然記念物のトキは、1998 年に野生絶滅に指定された。野生絶滅とは、人の飼育下や栽培下でのみ存続しているものをいう。その後、人工繁殖に成功したこともあり、2008 年に初めて野生下に放鳥された。自然界に復帰させるために、地域の水辺環境の整備、餌場の整備などの野生復帰の絶え間ない努力が続けられてきた。このような地域の努力もあり、放鳥数も増え自然繁殖し自然生息数も増えたことから、野生絶滅から 1 ランク低い「絶滅危惧 I A 類」となった。なお、淡水魚類のクニマスは、野生絶滅に指定されている。トキの例でも分かるが、一度、野生絶滅となった生物を、自然に復帰させるには長い期間にわたる復帰の努力が必要となる。

生物多様性の重要性

　生物多様性といっても単純なものではない。「生態系の多様性」と「種の多様性」と「遺伝子の多様性」は相互に密接に関連している。田、畑、川辺、里地、里山、森林、海辺などの多様で豊かな生態系があることが前提となる。豊かな生態系は、多様な種の生息の場として不可欠である。遺伝子（DNA，RNA から構成）が多様であることで、種が多様であることは、その棲息の場である生態系が多様でなければならない。遺伝子の多様化と生物の多様化は一体のものである。生物多様性を生み出した遺伝子は、地球上で、膨大な年月を費やして形成されたものである。時間と環境が造り出した貴重な財産である。失われたら二度と再現できないものである。

　生物の多様性により、人間は多くの恵みを得ることができている。その主な恩恵を列挙すると、次のとおりである。

ア．食料、衣料、建材、医薬品等の生活原料の供給

　　これらは、人の生活にとって、最も重要なことである。同時に、これらは、農林水産業と食品産業の生物系産業を支えるものでもある。

イ．清浄な大気、水、土などの環境資源の供給

　　これらは、生物の生存に不可欠なものである。植物は、二酸化炭素を吸収し酸素を発生して大気をクリーンにしている。また、各種微生物の分解・浄化作用により、清浄な水、豊かな土にしている。

ウ．豊かな自然環境と文化を与えること

　　生物多様性により、豊かな食文化が醸成され、地域文化の形成に寄与している。豊かな自然環境と動植物との触れ合いによる快適な生活を提供してくれる。日本の社会経済の安定的な発展を支えている。

　このように、生物の多様性の具体的な恩恵を見ると、生態の多様性と種の多様性の重要性は、日常生活に直接関わっているので分かりやすい。一方、遺伝子の多様性の重要性については、遺伝子を直接見ることができないので、分かりづらい面があるので多少説明する。

　増殖する生物の基礎メカニズムは、遺伝子（DNA、RNA）の存在であり、その遺伝子の多様性は、生物多様性の元でもある。その遺伝子の多様性の重要性を、作物の品種改良の例で述べる。

　従来から、稲で被害が甚大なものにイモチ病がある。このイモチ病の防除は、農薬による防除が基本で、防除の労力が大きく、作業者が農薬を浴びる危険性もあった。このため、いくつかの県で、イモチ病の抵抗性遺伝子を導入した品種の開発に取り組んだ。なお、この遺伝子の導入手法は、従来からの交配手法（戻し交配法）であり、いわゆる遺伝子組み換え手法とは異なるものである。ポイントは、現場におけるイモチ病の抵抗性の効果を確実にかつ毎年にわたり発揮させるためには、異なる種類の抵抗性遺伝子を導入した稲を多数育成することが必要であることである。このため、抵抗性遺伝子は数多くの種類のものが必要である。なお、抵抗性遺伝子は、古い品種や野生的な品種に含まれている

ことが多い。

　この例のように作物の品種改良には、多くの異なる種類の遺伝子が必要となる。役に立つ品種を育成するには、現在、過去、また国内、海外を含め、多くの品種、つまり、多様な遺伝子が保持されていることが不可欠である。新潟県においても、コシヒカリにイモチ病抵抗性遺伝子を導入しており、イモチ病の発生が激減し、農薬散布作業の削減に大きく寄与している。また、このコシヒカリを遺伝子分析すれば、新潟県産であるかどうかも確認でき、産地偽装の防止にも役立っている。

　もう 1 つの例で、例えば、収量の高い品種を開発する場合、既存の品種を交配して最適な交配の組み合わせを求めることが多い。この場合も、多くの品種があれば、交配の数が多くなり、高収量が開発されるチャンスが高まる。この場合も、品種 (遺伝子) の多様性が不可欠である。ここで強調しておきたいのは、高収量品種と高収量品種を交配しても、必ずしも高い収量の品種が育成されるとは限らないことである。普通の収量品種同士の交配により、より高い収量の品種が育成されることがよくある。優良な品種が生まれるかは、実際に交配して見ないと分からない。したがって、高収量の品種だけが大事であるのでなく、それ以上に、低、中程度の収量の品種も同じように大変に貴重なものである。どんな品種でも秘めたる可能性があり、いつか役に立つのである。生物の種類に優劣はない。1 つ 1 つの生物は全て貴重なものである。

　以上の品種改良の事例でも分かるように、多様な遺伝子に裏付けられた生物多様性があることが生物系産業の発展を支えているのである。遺伝資源を制するものは世界を制するという言葉があるように、遺伝資源は重要なものである。生物系産業に関係する者にとって、生物多様性の維持増進は、最も基本的なものとしなければならない。生物系産業だけでなく、どんな分野でも、多様性 (ダイバーシティ) は大事である。ダイバーシティの尊重は、人の倫理的行動の基本である。

生物多様性の危機

　生物多様性は、人類に恵みを与えてくれ、人類の持続的な生存には不可欠なものである。一方で、生物多様性に対して、4つの危機が進行しているといわれている。4つの危機とは、次のとおりである。

①　人間活動による危機

　　不適切な開発、森林の乱伐、沿岸部の不適切な埋め立てなどである。これらは、動植物の生息環境の悪化につながる。

②　逆に人間活動の縮小による危機

　　人による手入れが里地・里山で不十分になること、耕作放棄地が増えることなどにより、維持されてきた生態系が崩壊してしまうことにつながる。

③　人により持ち込まれたものによる危機

　　代表的なものは、外来種や化学物質である。これらが他から持ち込まれることにより、固有生態系の改変や固有生物相の消失が起こる。

④　地球環境変化によるもの

　　地球温暖化の進展は、熱帯の気候帯が北上拡大し生物相が対応できなくなるとともに、農作物の適地が大きく変化することになる。また、台風、津波、大雨、土砂崩れなどの多発により生態系の急激な変化と消失をもたらす。

　以上であるが、自然現象による生物多様性の変化はやむを得ない面もあるが、人為的行為による生物多様性の危機は、人間が発生しないように努めることができる。不適切な開発、里地・里山の耕作放棄地の発生、外来種の持ち込みなどは、生物多様性の危機を促進する。また、地球温暖化は、海水面の上昇、気温の上昇、砂漠化等を促進させ、地球的規模で生物多様性を著しく損なうことになる。したがって、地球温暖化防止は、生物多様性を保持するためにも取り組まなければならない。地球温暖化と生物多様性は相互に密接な関係がある。

　生物多様性保全の国際的取り組みは、先に述べた「生物多様性条約」に沿って行われている。特に、2010年10月、名古屋市において「生物多様性条約第10回締約国会議（ＣＯＰ10）」が開催された。この会議において、生物多様性の

損失を止めるための「戦略計画 2011〜2020」、いわゆる「愛知目標」を採択した。この愛知目標は、中長期目標と短期目標、それに個別目標からなる。中長期目標は 2050 年を目標とするビジョンで、生物多様性を豊かなものにし、自然と共生する社会を実現するものとされた。短期目標は 2020 年を目標として、生物多様性の損失を止めるための効果的かつ緊急的な行動を実施するものである。

　愛知目標の個別目標は、5 つの戦略目標に分かれて合計 20 の個別目標を設定した。そのうち、個別目標「戦略Ｂ　生物多様性の損失の根本原因に対処する」の項目は次のとおりである。

①　森林を含む生息域の損失速度を半減。	②水産資源が持続的に漁獲。
③　農業・林業が持続的に管理。	④汚染が有害でない水準に抑える。
⑤　外来種が制御され抑えられる。	⑥気候変動その他の悪影響を最小化。

　このように、生物多様性を維持増進するためには、農業・林業・水産業が持続的に管理されることにより、生物の生息域の消失を抑え、外来種が制御されるとともに、気候変動の悪影響を最小限にすることが重要であるとしている。

　生物多様性条約第 10 回締約国会議（ＣＯＰ10）は愛知県で開催されたこともあり、愛知目標については、わが国は率先して達成するように努めなければならないと考える。農林水産業は、生物多様性に密接に関係し多大な恩恵を受けていることから、愛知目標に沿った取り組みを積極的に行わなければならない。特に、田園地域・里地・里山の保全、森林保全、里海・海洋の保全が重要である。

　2016 年に「生物多様性条約第 10 回締約国会議（ＣＯＰ13）」がメキシコで開催された。地球温暖化対策に比べ、生物多様性対策は認知度が低く、取り組みが足りない状況にあることから、生物多様性対策を、いかに浸透、定着していくかがテーマとなった。また、愛知目標が 2020 年目標としていることから、その目標の取組状況の評価も行われた。農林水産業や観光産業をはじめとしてあらゆる産業、活動において、生物多様性に配慮した取り組みが必要であるとされた。また、豊富な生物の生息地である森林を保全・拡大するため、伐採したら必ず植林・育林すること、緑化、ビオトープ（生物空間）などの生物生息地域

の創生などの取り組みが重要であるとされた。

　生物多様性は生物資源（広い意味のバイオマス）の源泉である。生物資源に立脚する生物系産業に関係する者においては、全ての生き物を尊重するという倫理的観点からも、生物多様性の重要性を認識し、生物多様性を保全・増進するための努力を払うことが重要である。

生物多様性と遺伝子組み換え

　生物多様性と関連が深いのが遺伝子組み換え生物の取り扱いである。1992 年の国連環境会議において「生物多様性条約」が署名され、その条約の目的の 1 つに、遺伝資源の利用から生じる利益を平かつ衡平に配分する、と定められた。生物多様性の保全は、遺伝子組み換え生物に関する管理と密接な関係がある。2000 年には「生物の多様性に関する条約のバイオセーフティに関するカルタヘナ議定書」が採択された。これは、生物多様性の保全及び持続的な利用等に及ぼす悪影響を防止するため、遺伝子組み換え生物等の輸出入や利用等に際し講じるべき措置を規定したものである。なお、カルタヘナとは、議定書作成のために議論されたコロンビアの地名である。

　これを受けて、2003 年に、わが国で通称カルタヘナ法（遺伝子組換え生物等の使用等の規制による生物の多様性の確保に関する法律）が公布された。これは、カルタヘナ議定書に基づき、遺伝子組み換え生物の使用について、第一種使用（環境中への拡散を防止しないで行う使用等）と第二種使用（環境中への拡散を防止して行う使用等）を分けて措置することを規定したものである。少し分かりにくいが、第一種使用は隔離圃場で、第二種使用は実験室内で、遺伝子組み換え生物が、野生生物へ及ぼす影響を評価し安全性を確保するものである。遺伝子組み換え生物の安全性の評価確認は、カルタヘナ法により法的に行われることとなった。

　ところで、このカルタヘナ法でも言われているが、遺伝子組み換え生物の使用によって野生生物に及ぼす悪影響とは何かということである。それは次のことであるとされている。

① 　組み換え生物が、強い繁殖力により在来の野生動植物を駆逐すること。

② 　組み換え生物が、野生種と交雑して野生種が交雑したものに置き換わってしま

うこと。
③　組み換え生物が、産出する有害物質により野生生物や微生物を死滅させてしまうこと。

以上の 3 つである。遺伝子組み換え生物が、在来の生物を追い払うこと、交雑すること、有害物質により周辺の生物を死なせることの可能がある。このようなことがあれば、在来の生物の生息に悪影響を及ぼし、結果的に生物多様性を著しく損なうということである。

以前、遺伝子組み換え生物の利用の開発管理に関しては、国の実験指針等が定められており、この指針等により実施されていた。現在は、このカルタヘナ法および他の関係法での規定に基づき、研究開発から、圃場栽培、食品・飼料利用、食品表示まで、安全性の確認の仕組みが体系的に定められている。

カルタヘナ法の目的 (第 1 条) には、国際的に協力して生物の多様性の確保を図るため、遺伝子組換え生物等の使用等の規制に関する措置を講じる、と規定している。生物多様性の確保を目的にしている。また、第 2 条には、遺伝子組換え生物とは、「細胞外において核酸 (DNA, RNA) を加工する技術により得られた核酸又はその複製物を有する生物」と定義されている。このように、細胞の外で加工された核酸を導入された生物とされている。

具体的な安全性の評価管理は段階ごとに定められている。第二種使用として、実験室の研究段階においては、遺伝子組み換え生物の花粉等が、実験室外に放出されないような拡散防止措置が必要である。また、第一種使用として、隔離圃場の段階においては、野生動植物への影響、安全性等を評価する。

さらに、遺伝子組み換えに生物等 (作物) が食品利用や飼料利用される場合は、食品安全委員会の評価、食品衛生法の審査、飼料安全法の評価等を受けなければならない。加えて、遺伝子組み換えに関する食品の表示については、JAS法、食品衛生法に規定されている。このように、遺伝子組み換え生物については、品種の開発から流通商品化の各段階における管理規定が法律で定められている。

　世界の遺伝子組み換え作物の栽培状況を概観すると、米国のトウモロコシ、大豆、カナダの菜種、オーストリアの綿では、既に9割以上が遺伝子組み換え作物となっている。主に、遺伝子組み換えにより害虫抵抗性、除草剤耐性を付与した作物である。一方、英国、EU諸国は、遺伝子組み換え作物の取扱は慎重である。

　わが国では、カルタヘナ法に基づき、遺伝子組み換え作物の研究開発や安全性評価は実施されており、飼料用穀物の輸入、栽培試験実施などが行われている。他方で、一般圃場で栽培されて商業利用されたのは、ごく一部の花卉とされており、食用作物はない。

　遺伝組み換え作物については、各国の取扱いに大きな違いがある。突き詰めるところ、食品に対する安全・安心の考え方が国により差が見られることである。第8章でも述べたように、科学的な安全の上に安心が醸成されるが、安全・安心は固定的なものではなく、海外の状況や技術の進展でも違ってくる。また、利便性が高ければ社会が受け入れる国もある。食物については、毎日、摂食し健康に直結するもので、また、歴史的な食文化や伝統的な考え方があり、国によって差があることが大きいと思われる。

遺伝資源をめぐる動き

　作物の品種の改良開発は、生命科学、とくに遺伝学を応用している。近年、遺伝学を中心とした生命科学は、飛躍的に進歩している。生物系産業に関係することを中心に、簡単に概観すると以下のとおりである。

　近代遺伝学は、1900年にエンドウマメによる交配実験によるメンデルの法則が再発見されたことに始まる。これにより、人為的な交配、遺伝子の突然変異の利用などにより新たな品種の開発が行われてきた。1953年に、ワトソン、クリックにより遺伝子のDNA二重らせん構造モデルが発表されたことにより、遺伝学は新たな段階となった。1970年に細菌で遺伝子組み換えに成功し、その後、多くの生物に対して遺伝子組み換えが実施されている。

　1996年に、哺乳類の体細胞クローン羊（ドリー）が誕生し、その後、家畜等へ

の応用が進んだ。2000年に日本でカイコの遺伝子組み換えが成功し、その後、開発実用化が進展した。2003年にヒトのゲノムの全塩基配列（約31億塩基対）が解読された。2005年には、日本も協力したイネのゲノムの全塩基配列（約4億塩基対）の解読が完了した。その後、多くの生物においてゲノム（全塩基情報）の解読が進んだ。なお、ゲノムとは細胞の染色体に関する遺伝性の分析の時に用いられた用語であるが、生物の機能する遺伝情報のセット（重複するセットは除外）を言う。塩基解読装置（シークエンサー）の飛躍的な発展、塩基配列情報の解読技術、ビッグデータ処理技術の発展などは、生命科学に著しい進歩をもたらし、効率的な品種開発技術などの発展に寄与している。

　2013年に、第3世代の「ゲノム編集」技術が開発された。この技術は、目的の遺伝子（ＤＮＡ配列）を簡便に切断し壊すことができる。また、切断し新たな遺伝子を挿入することもできる。狙ったＤＮＡ部位についての操作を、簡便かつ低コストでできることから、従来の遺伝子組み換え手法に比べて画期的なものである。わが国においても、ゲノム編集技術を利用して、動植物の品種改良が取り組まれている。また、ゲノム編集技術の改良も取り組まれている。

　2020年のノーベル化学賞に「ゲノム編集技術の開発」の業績に授与された。米国とフランスの2人の研究者が開発した「クリスパー・キャス9」は精度が高く実用性も優れたゲノム編集技術である。なお、このゲノム編集技術の基礎となった遺伝子配列の発見は、日本の研究者によるものである。

　一方で、ゲノム編集技術には倫理的な問題も起きている。2018年に、中国の大学において、ゲノム編集技術を使って、人の受精卵の遺伝子を一部改変して、子供が誕生したという発表があった。これに対しては、国際的に倫理的な大きな問題となった。わが国は、品種改良において、ゲノム編集によって目的遺伝子を切って壊すことは、従来の突然変異を利用した品種改良と区別できないことなどから、カルタヘナ法の規制は不要で届け出とする方針としている。なお、目的遺伝子を切断し新たなＤＮＡを挿入することは、遺伝子組み換え植物であり、カルタヘナ法の規制対象としている。

　わが国においても、ゲノム編集技術を使って、農作物や魚類の品種改良が取

り組まれている。2020 年 12 月に、ゲノム編集技術を使って特定遺伝子の働き
を消失させて、トマトの健康機能成分 (GABA、ギャバ) を増強させた品種が国に
届け出された。

　このように、近年、生命科学の応用が急速に進展しており、食品、医療など
で国民生活に恩恵を与える反面、不安を与えることもある。それだけに、国民
の理解と信頼が必要である。生命科学に関係する者は、高い倫理観を持ち、理
解と信頼を高めることが重要である。今後、生命科学などの進展により、社会
を大きく変革する可能性のある技術の開発・導入が予想されている。このため、
新たな科学技術については、社会に対するいわゆる「ソーシャル・コミュニケー
ション」が大変重要であるとされている。
　近年、食に対する安全・安心意識は大変に高まっている。食に関する科学技
術においては、他の分野以上に、ソーシャル・コミュニケーションのやり方 (迅
速、正確、分りやすく、丁寧、オープン等) を充実させ、最初の段階から信頼性を
高めることが必要である。また、安全・安心の確保を向上させるためには、技
術開発の分野においても「トレーサビリティ (追跡可能性)」の仕組みが整備さ
れていることが大事である。どんな技術開発であれ、誰が技術を開発して、誰
がその技術を利用して製品を製造し、どのように流通し、顧客・消費者に渡っ
たかについて、いつでも誰でも明確に追跡できるようにしておくことが大変大
事である。

　一方で、遺伝資源の取扱いをめぐる不正事故が、相次いで発生している。
　家畜の遺伝資源に関する不正持ち出しの事例が発生している。2019 年に、国
産和牛の受精卵・精子が、国外に不正に持ち出しされた事例が発覚した。これ
は、持ち出し量が多かったこともあり、関税や検疫所で発覚したものである。
受精卵・精子入りの保存容器多数を、検疫所の検査を受けずに持ち出した。家
畜伝染病予防法の違反行為であり、日本の和牛生産に大きな打撃を与える行為
である。また、2000 年に、複数の県で、子牛の血統 (父親) が異なる等の不正
が発生している。これは人工授精時の不備であると思われるが、牛の優良な血

統の保証は誤りがあってはいけないものである。関係者の細心の注意が必要である。

　作物の品種の無断持ち出しも発生している。2019 年に、県登録品種 (イチゴ) の苗が、国内で、無断で持ち出された事例が発生した。作物の遺伝資源については、特に、1992 年の国連の生物多様性条約の締結を機に、各国の遺伝資源の管理は厳重となった。遺伝資源を保有する国からの海外への持ち出しについては、損害と利益のルールも定められている。また、わが国では、種苗法により、開発育成者は登録品種について、利用占有権等により保護されている。品種は、開発育成者の知的財産であることが明確となっている。一方で、わが国では、これまでも、日本で開発された優良な果樹 (リンゴ、ブドウなど) や野菜 (イチゴなど) の品種が海外に持ち出されたとされている。従来、海外に対する権利保護と禁止措置が弱いこともあり、品種の無断持ち出しについては、安易な考えもあった。

　優良な作物や和牛の開発に当たっては、遺伝学の知識と経験を駆使し多人数の人力と経済的負担により、長い年月をかけて育成してきたものである。育成された優良な品種は、貴重な遺伝資源で知的財産である。遺伝資源の海外および国内における無断持ち出しは、育成開発者の利益を著しく損ない、持ち出された側の農畜産業に大きなダメージを与える。海外に持ち出されれば、輸出が減少するばかりではなく、逆輸入されればわが国の農畜産業の発展に悪影響を及ぼすこととなる。遺伝資源、品種の持ち出しは、農業関係者の関与も多いともいわれる。生物系産業の関係者は、遺伝資源の持ち出しは、厳に慎まなければならない行為である。これは、わが国の生物系産業に損害を与え、関係者の権利を損なうこととなることから、倫理的行動としても許されることではない。

　近年、優良な貴重な遺伝資源 (品種) の海外持ち出しが目立っている。このために、国は、海外等への不法な持ち出しなどについては、法的な規制措置の強化を行うこととした。家畜の精液、受精卵の管理を厳格にするとともに、家畜遺伝資源の不正取得の禁止等の措置をとることとした。また、種苗法を改正し、

農作物の登録品種についても海外への無断持ち出しを禁止する等の措置をとることとした。

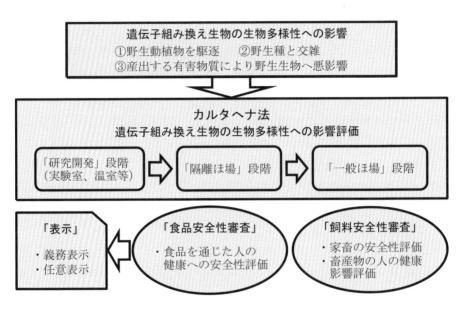

図 17-1　生物多様性と遺伝子組み換え評価

第18章　イノベーションと社会貢献
―倫理性の高いイノベーションは社会発展に寄与―

イノベーションとは

　イノベーション（innovation）とは、一般に「技術革新」と称されるが、必ずしも技術だけでなく、あらゆるものの「革新」を言う。

　最初にイノベーションの用語を使ったのは、著名な経済学者であるシュンペーターである。イノベーションとは、①新しい商品の生産、②新しい生産方式、③新しい販路、④原料の新しい供給源の確保、⑤新しい組織の実現、の5つをあげている。このように、イノベーションとは、新製品の開発だけでなく、流通や組織の革新も含めている。なお、当初、イノベーションという言葉はなく、「新結合遂行」と称していた。

　シュンペーターは、「経済発展の理論」で、このイノベーションが経済発展の原動力であるとした。また、イノベーションの担い手（革新的な企業家）は、生産の側から現れるものとした。さらに、イノベーションが、世の中に行き渡り飽和してくると不景気となる。これを打開するには、新たなイノベーションが出現することであると述べている。このことを「創造的破壊」と称している。

　これを、図式的に単純に理解すると、経済の発展は以下のようなサイクルであると考えられる。

「革新的な起業家群の出現」⇒　「新たなるイノベーションの創出」⇒

「実現するための資金供与」⇒　「イノベーションの実現」⇒

「新たな需要増大」⇒　「好景気」⇒　「需要飽和」⇒　「不景気」⇒

（以下、最初に戻って循環）

　このように、経済発展が持続的に続くには、イノベーションが切れ目なく登場することが必要となる。また、金融（資金）の役割も重要で、イノベーションを実現するための投資信用が十分に供与されることが必要である。

　イノベーションが経済発展の原動力であり、経済発展が社会的貢献に直結することは、実感としても理解することができる。イノベーションは、「人を幸せにし、世の中に役に立つ」もので、確実に社会の発展に貢献するものである。ただし、イノベーションの基礎となる科学技術そのものは、人に対して中立である。したがって、科学技術の使い方によっては、人命を損なったり、事故を起こしたり、環境を汚染することも認識しなければならない。そういうことにならないように、倫理的な行動が極めて重要となることは改めて強調しておく。世の中に役に立つイノベーションは倫理性が高いということができる。

　近年、社会の発展に著しく貢献した「革新的起業家」としては、パソコンを開発したスティーブ・ジョブスを挙げることができる。コンピューターは巨大企業が保有するものから、個人用のパソコンを世の中に出した。世界中の1人1人にビッグな情報と迅速な情報交換を可能とする力を与えた。氏は、ベルの電話の発明を例にして、市場調査ではなく、消費者が気づいていない新しいものを開発するのが大事だ、と述べている。氏は、イノベーターでありクリエーターであり、かつアーティストであった。

　天野　浩氏（2014年ノーベル物理学賞）は、困難とされていた青色ＬＥＤの高品質結晶技術を世界初で成功した。氏は、「パソコンのディスプレイを、大きくて重いものから軽くてスマートにすれば、世界を一変できるに違いないと考えた」と語っていた。照明においても、高輝度で省電力の白色光源が可能となり、省エネ社会に確実に貢献している。

　大村　智氏（2015年医学・生理学賞）は、アフリカなどの風土病の特効薬であるイベルメクチンの基となるエバーメクチンを発見した。エバーメクチンは、日頃から採取している土壌に含む放線菌から得られた化合物である。氏は、少年時代から、とにかく人のためになることを考えなさいと言われて育ったと語っていた。

　イノベーションは、このような大発明だけでなく、現場の身近な工夫・改善レベルのものも立派なイノベーションである。イノベーターは、ヒラメキのある天才タイプだけでなく、試行錯誤をくりかえす努力タイプ、改善を加える改良タイプも多い。現場において、単に作業を繰り返すのではなく、適正な手続きを経た上で、創意・工夫を加えることは、より効率的、効果的に作業を進める上で重要である。このようなことも立派なイノベーションである。職業人としては、常に創意・工夫を加えることは、倫理性が高くて自律性のある従事者としても大変大事なことである。

イノベーションと社会的基盤

　イノベーションが商品やサービスの形で社会に提供されるには段階がある。技術等として確立し、商品やサービスとして形になり、そして販売・普及するといった段階を経ることになる。それぞれの段階には、技術力、経営力、販売力が必要である。この際、一番重要なことは、開発された商品、サービスが市場、社会に受け入れられるには、技術、経営、販売の各段階において倫理性がなければ持続できないことである。倫理性とは抽象的であるが、各段階においてごまかしや、不正、偽装などがないことである。言葉を換えれば、社会的正義にのっとり誠実で信義を重んじていることである。

　あらためて述べるが、「三方よし」（売り手よし、買い手よし、世間よし）という言葉がある。奢ることもなくケチることもなく、正直、堅実、倹約に努め、勤勉に働くことを心構えとした。また、明治期を中心に活躍した渋沢栄一氏は、論語とソロバンは一致すべきものであるとし、経済と道徳とは調和しなければならない、と述べている。このように経済活動は、一方的に利益を得るのではなく、倫理的な姿勢が重要とされた。倫理性に裏付けられたイノベーションにより開発された製品、サービスが世の中に持続的に受け入れられ、社会的貢献を果たすこととなる。

　とくに社会的貢献を果たすイノベーションが開発促進されるには、それを支える社会基盤が整備・充実されていることが不可欠である。経済学者の宇沢弘

文氏は、全ての人々が豊かな経済生活を営み、すぐれた文化を展開し、人間的に魅力のある社会を持続的、安定的に維持することが可能とするために、社会的装置である「社会的共通資本」が必要であると論じている。氏は、社会的共通資本として、自然環境、社会的インフラストラクチャー、制度資本の３つを挙げている。中でも重要な構成要素として、自然環境、農村、都市、教育、医療、金融を、社会的共通資本の重要な構成要素としている。

また、前述した国連の 2030 アジェンダ「ＳＤＧｓ」（持続可能な開発目標）には、17 つの目標（ゴール）が掲げられている。その中に、「質の高い教育をみんなに」「産業と技術革新の基盤をつくろう」「つくる責任　つかう責任」「気候変動に具体的な対策を」「海の豊かさを守ろう」「陸の豊かさも守ろう」が示されている。豊かな自然環境が持続的な社会の基盤として、かけがえのないものであることを示している。

以上のことを勘案して、イノベーションを促進するために、持続的な社会の発展に不可欠な「社会的基盤」を、３つ列挙すれば、「生物資源基盤」「教育研究基盤」「金融・情報基盤」が重要であると考えられる。

生物資源基盤とは、優良な自然環境保全の下に多様性のある生物資源が維持増進されていることである。特に、生物系のイノベーション、テクノロジーは、生物資源の存在を前提にして成立するものであるとともに、生物資源を質的量的に増進させるものである。生物資源が保全されるためにも、大気環境、水環境、土壌環境などの自然環境が保全されていることが必要である。また、その生物資源が増進するためには、放っておくのではなく、利活用して自然リサイクルしなければならない。そのため、生物資源が広い意味でエネルギーとマテリアルの原料として利活用されて、社会を支える主要な資源とすることが重要である。

教育研究基盤とは、経済的な事情と関係なく、誰でも能力と意欲に応じて、教育が受けられ研究活動が行える環境が整備されていることである。このことは、社会的な正義としても不可欠なことである。また、教育基盤と研究基盤の一体的な充実が、新たなイノベーション、テクノロジーが生まれるために不可

欠である。基礎研究、応用研究を問わず、公的機関、民間機関を問わず、その充実が必要である。世界をリードする科学技術創造立国であるためにも、教育研究基盤は最も重要である。

　金融・情報基盤については、イノベーションを支え、実用化を加速させるための糧（かて）として大変に重要である。投資の方向は、どのようなイノベーションがテクノロジーとして育ち社会に出るかに大きな役割を果たす。前述のＳＤＧｓの各ゴールを目指した持続可能な開発を促進させる投資が今後とも重要となってくる。さらに、これからは、脱炭素社会の実現を確実に目指すために、グリーン関係投資の増強が必要となってくる。脱炭素社会に貢献する製品の開発・実用化に対する十分な資金が、迅速に調達できる仕組みが整備されていることが重要である。また、高速大量処理の情報関係技術の進歩には著しいものがある。このような情報基盤は、研究開発の促進を支える基盤でもある。知的開発は豊富な情報の蓄積と利用が不可欠である。高度な情報基盤は、デジタル社会の実現のためにも社会のあらゆる分野において不可欠なものとなっている。

　このような社会的基盤の充実しなければ、イノベーションが発達しないことである。多様で高度なイノベーションは、充実した社会的基盤から生まれる。そして重要なことは、このような社会的基盤は、持続的な社会の発展のために不可欠なものであるということである。

イノベーションと農業発展

　高度経済成長の時期には、農業と関連分野においても、多くの新たなイノベーション、テクノロジーが起きた。機械化の促進、新しい品種の登場、新たな栽培管理技術の導入、さらに、畜産、園芸などの新たな部門が導入された。また、多様な新たな食品が開発された時代でもあった。農地の区画整備、排水改善などの農地基盤整備も促進された時代でもある。これらの農業関係イノベーションが、高度成長期において、国民の豊かな食生活を支えた。

　この時期、稲作において、単位面積当たり生産量の増大、つまり物的な生産性の大きな向上が見られた。米の単位当たり生産量（10 a 当たり平年収量）は、

1965 年の 403 kg から 1985 年には、481 kg と 2 割以上増加している。また、労働
生産性は飛躍的に上昇した。単位面積当たりの田植えの労働時間と稲刈りの労
働時間は、同じ時期に、ともに 2 割程度に激減している。主に田植機とコンバ
イン（収穫脱穀機）の急速な普及によるものである。この時期に、手作業の田植
えと稲刈りは、ほとんど見られなくなった。一方、このことは、農繁期に多く
の人力に頼らなくてもよいことになり、農村地帯の人口が大都市に流出した要
因の 1 つになった。農村地帯から都市への労働力の移動が、高度経済成長に大
きく貢献したことになる。なお、1964 年（昭和 39）年は、東京オリンピックの
年である。

農業関係の主な指標

	1965 年	1985 年	2005 年	2018 年
米生産関係（10 a）				
・平年収量	403 kg	481	527	532
・田植労働時間	24.4 h	7.3	4.1	2.9
・稲刈脱穀労働時間	47.9 h	11.2	4.3	2.9
農業産出額（千億円）				
・総産出額	31.8	116.3	85.1	90.6
・うち米産出額	13.7	38.3	19.4	17.4
食料自給率（%）				
・供給熱量ベース	73	53	40	37
・生産額ベース	86	82	70	66
・穀物自給率	62	31	28	28
・主食用穀物自給率	80	69	61	59
・飼料自給率	55	27	25	25

　稲作技術の進展で著しいのは主に機械化である。いち早く普及したのはロー
タリ式の動力耕耘機である。1960 年頃からは小型乗用トラクターが普及した。
また、自脱型コンバイン（収穫脱穀機）が普及し、続いて、田植機が開発され、

瞬く間に普及した。特記すべきは、ロータリ式耕耘機、田植機、自脱型コンバインは、日本の稲作の条件に対応して開発された独自のものである。その後もこれらの機械の高性能化が進んだ。「田の土に触れない」で稲作が可能となった。田植え労働時間は、機械化により、1965 年から 2018 年には単位面積当たりで約 10 分の 1 になっている。これで、同じ労働力であっても、10 倍の経営面積が耕作できることが可能となった。

　また、従来、米の乾燥は個々の農家による野外の天日乾燥が中心であったが、1965 年頃から、人工乾燥機の導入が始まった。その後、大型の共同乾燥調整施設（ライスセンター、カントリーエレベーター）も設置された。また、農薬もヘリコプターによる散布が始まり、1990 年頃から、無人ヘリコプターによる農薬散布も実用化されている。以上のように稲作の機械一貫体系が確立し、さらに、大型化・高性能化が進んでいる。

　米の品種関係では、1980 年頃から、コシヒカリ、ササニシキ等の良食味品種の作付けが急増している。良食味米の普及は、より美味しい米を求めた消費者のニーズに応えたものである。これは、米の消費が減少し、国の米の保管在庫が増大したことにより、1971 年から米の生産調整が開始されたことも背景にある。また、1993 年の大冷害を契機に、耐冷性で良食味米の「ひとめぼれ」が増加している。現在、各県は良食味米の品種開発を進め、ブランド米の生産に競って力を入れている。

　農業総産出額を見ると、1965 年の約 3 兆円が 1985 年には約 10 兆円と増加している。その後は約 9 兆円程度となっている。注目すべきは、米の産出額のシェアが、1965 年の約 4 割から 2018 年には約 2 割と半減していることである。米の作付面積は太平洋戦争期を除き、明治以降に着実に増加し、1969 年に 317 万 ha とピークとなった。その後、1970 年から米生産調整が始まったこともあり、米作付面積は減少し 2019 年に 147 万 ha と実に半減している。他方で、新たな技術や経営の導入により、野菜、果樹、畜産などの産出額が大きく伸びた。経営の多角化により、農業の生産構造が大きく変化した。このことにより、消費者の多様なニーズに応え、バラエティーに富む豊かな食生活を実現している。

　以上のように、農村の労働構造と食の消費構造の変化に対応して、新たな農業技術の開発と普及が図られてきた。イノベーション、テクノロジーの開発・導入により、現場にどのような効果があるかが重要なことである。

　その効果とは、①効率的で生産性の高い作業が実現できること、②安全で快適な労働環境が実現できること、③良質で価値の高い商品・サービスが提供できることである。効率性、快適性、安全性、環境性に優れ、生産物の品質と付加価値が高いということある。このような効果があることで、イノベーション、テクノロジーは快適で豊かな社会の実現に貢献できる。この際、地域の環境を保全し、事故、不正等の発生を防止するとともに、高い倫理性が持つことが不可欠なことであることは言うまでもない。

世界の食糧問題への貢献

　国連のSDGs（持続可能な開発目標）の2番目に「飢餓を終わらせ、食料安全保障と栄養の改善を実現し、持続可能な農業を促進する」と掲げている。このように、世界的な食料問題の解決に貢献するためにも、わが国の農業の果たす役割は大きいものがあると考えられる。地球的な観点から、日本だけでなく世界のためにも、長期的に食料の供給力を増大させ、豊か食料を提供することが重要となる。このため、種々の課題に対応するため、現場に適用できる先端技術を開発導入し、一層の生産性の高い農業生産体系を構築していくことが重要となっている。

　この世界SDGsの目標にあるように、世界には、飢餓状態にあり栄養が十分でない人々も多い。ちなみに、世界の人口は、2050年に2010年の1.3倍の86億人に増え、食糧需要量も同様に1.7倍の58億トンになると予想されている（農林水産省「2050年における世界の食糧需給見通（2020年9月）」）。一方で、地球温暖化の進展などにより、世界の穀倉地帯は温暖化と乾燥化の進展により、耕作適地の面積は減少し、穀物生産の大幅な低下、不安定化が懸念されている。このように、世界的には人口増加と温暖化により、食糧不足が深刻になるものと予測されている。このため、わが国の農業も、視野をグローバルに広げ、世

界の食糧問題に解決に貢献することを視野に入れる必要があると考える。

　これに関係して、わが国の米等の穀物について、物的生産性が伸び悩んでいるという課題がある。物的生産性の推移を見るため、米の単位当たり面積の収量（10 a 当たり収量平年収量）の伸びを見ることとする。前述の表でも分かるように、1965 年から 1985 年の 20 年間に 80 kg増加したのに対し、2005 年から 2018 年には約 530 kgの水準でほぼ横ばいで停滞状態が続いている。これは、収量より品質重視にシフトしている表れでもある。一方で、ヨーロッパにおいては、穀物（麦、トウモロコシ等）の単位面積当たり収量を着実に伸ばしてきている。

　また、わが国の食料自給率が伸び悩んでいるという課題がある。食料自給率（供給熱量ベース）は、2018 年は 37％と近年 40％を下回り停滞している。これは、熱量の高い食用油等の自給率が小さいことと、米を除いた穀物自給率も低いことがある。また、近年、飼料の自給率が 25％程度と低いことにもよる。わが国は、飼料用穀物を海外に依存してきた。最近、飼料用米生産の取り組みが始まっている。なお、国は新たに食料国産率を公表しており、2018 年は 46％（供給熱量ベース）である。これは、輸入飼料による畜産物の国内生産分を除かないで算出したものである。

　一方で、海外の穀物自給率は（2013 年）、米国、カナダ、ドイツ、フランスは 100 以上で、イギリスでも 86％で、日本に比べてかなり高い水準となっている。食料自給率とエネルギー自給率の向上は、変動のある世界情勢に的確に対応し、安全保障を高める観点から、最も重要なことである。国内の自給率が向上しないと、間接的にも、直接的にも、世界の食料問題の解決には貢献できない。国のレベルでの食の安全・安心には食料自給率の向上が望まれる。

　近年、わが国においても、農産物・食品の輸出が増大してきている。これからは、輸出用の特別な物ではなく、国内で通常に生産されている食料の輸出が増大することが期待される。国による米の生産調整も終了し、飼料米の生産も始まり、農業の需給構造も変化している。農業従事者の高齢化、労働力不足の問題を克服し、わが国だけでなく世界に貢献する持続的な農業とする必要があると考える。

242

2020年のノーベル平和賞は「国際連合世界食糧計画」（WFP）に授与された。授賞理由は、飢餓克服への努力と紛争地域の平和への貢献、飢餓を戦争や紛争の武器としての利用を防ぐための努力とされた。飢餓の克服は、先に述べたSDGsの2番目の目標である。紛争地域において持続的な農業を促進することは、飢餓を終わらせ、子供達の栄養状態を改善することになり、地域社会の安定と平和をもたらすことになる。

農林水産研究イノベーション戦略

1700年の半ばに起きた英国から始まった産業革命は、海洋の物流拡大を背景として、動力源と燃料の革新的な技術を基軸に展開されてきた。現在、これからは第四次産業革命に突入しつつあるとされている。ビッグデータ処理、汎用AI（人工知能）、IoT（モノのネット化）、ロボット技術、生命科学技術などの革新的技術が相乗効果を発揮して、飛躍的なイノベーションの展開の時代となると予想されている。農林水産関係においても、農業機械、情報、環境、バイオマス、生物機能、品種開発などの分野において、イノベーションの実現が期待されている。

2020年5月に、農林水産省は、「農林水産研究イノベーション戦略2020〜スマート農業、環境、バイオの3分野を強力に推進〜」を発表した。この戦略は、農林水産業以外の多様な分野との連携により、イノベーションの創出が期待できる分野を対象に、実現を目指す農林水産業・関連産業の姿を整理したものである。この戦略は、農林水産分野に世界トップレベルのイノベーションを創出することを念頭に置いた「挑戦的な戦略」であり、政府全体で協力に推進することとしている。

このうち、実現を目指す農林水産業・関連産業についての項（抜粋）は、以下のとおりである。

① **スマート農業政策**
・新型コロナウイルス感染症に伴う対策として、「労働力不足の解消に向けたスマート農業実証」を緊急的に実施。
・スマート農業新サービス創出プラットフォームを創設し、新たなスマート農業

関連ビジネスの創出等に取り組む。

・導入コスト低減を図る新サービスのビジネスモデルを示し、これを推進するための「スマート農業推進サービス育成プログラム（仮称）」を策定。

・ロボット農機の遠隔操作でほ場間移動とほ場での作業、複数のロボット農機による協調作業を実現。

・あらゆるスマート機器でデータが取得・蓄積され、ＡＩを活用したデータ駆動型スマート農業を実現。

・生産から流通、加工、消費、さらには輸出までをデータで繋ぐスマートフードチェーンを構築。効率的な生産・流通や、国内外の消費者ニーズにきめ細やかに応じた農産物・食品の提供を実現し、廃棄や食品ロスを大幅に削減。

② 環境政策

・再生可能エネルギーの効率的な生産と、農林水産業及び域内への安定供給の実現を目指す。地産地消型エネルギーシステムを構築し、他地域にもエネルギーを供給することで温室効果ガス（GHG）削減に貢献。

・スマート農林水産業の加速、農林業機械、漁船の電化、燃料電池化、サプライチェーン全体での脱炭素化により生産・流通プロセスで発生するGHGをゼロに近づける。

・農地・畜産からの排出削減にかかるイノベーションと排出削減の可視化により、農畜産業に由来するメタン N_2O の排出を削減。

・GHGの削減量・吸収量を可視化・定量化するシステムを開発。炭素を隔離・貯留するブルーカーボン、バイオ炭、森林資源活用技術を開発。

・バイオマス由来マテリアルへの転換等、バイオマス資源のフル活用による「炭素循環型社会」の構築を目指す。

・農業の多面的機能を積極的に活用する技術（アグリ・グリーンインフラ）の開発により、気候変動により激甚化する自然災害の被害を軽減。

・微生物機能の制御・改変を行い、食料の増産と地球温暖保全を両立する食料生産システムを構築。

③ バイオ政策

・ヒトゲノム情報等のパーソナルデータと食データを連結し、ビッグデータとし

- て研究開発等に活用。「おいしくて健康に良い食」を包括的・網羅的に解明。
- 健康状況や体質等に応じた「おいしくて健康に良い食」を提案するサービスを実現し、国内外への展開を目指す。データを解析し、エビデンスとデータに基づく食による健康を実現。
- 育種ビッグデータやＡＩシミュレーターと連動する育種フィールドからなる育種プラットフォーム・アグリバイオ拠点を民間企業、公設試験場、育種家等が利用し、国内外のニーズを捉えた育種を展開。
- 農林水産物の遺伝子機能を解明し、サイバー空間で農作物等をデザイン。未利用遺伝資源を最大活用し、必要な環境適応性を付与した、次世代植物を迅速に創出。
- 新たなバイオ素材等を生み出すことにより、農山村地域の資源の活用領域を拡大。環境にやさしい新ビジネスを創出し、地域所得の向上、CO_2排出量削減、農山村地域の環境保護に貢献。
- 有用生物（カイコ等）の機能を改良し、新たな機能性バイオ素材・動物医薬品等の商用生産を実現。バイオセンサーや実験動物との代替としても活用。
- わが国の遺伝資源と育種技術・生産技術により、国内におけるバイオものづくりの原料供給を完全国産化。

これらの各分野については、ロードマップを作成し、今後の研究開発の道筋を示すこととしている。

イノベーションと現場の必要性

スマート農業については、前述のように、国の「農林水産研究イノベーション戦略2020」においても最重要な取り組みとなっている。取り組みの項目を改めて要約すると、①労働力不足の解消に向けたスマート農業実証、②新サービス創出プラットフォームの創設、③新サービスのビジネスモデルの確立、④農機の完全自動化・無人化システム、⑤ＡＩを活用したデータ駆動型農業、⑥スマートフードチェーンである。

具体的には、進展がめざましい先端技術（ロボティクス技術、ＡＩ（人工知能）、

ＩｏＴ（モノのネット化））を融合した技術を利用したスマート農業が取り組まれている。自動走行や遠隔監視によるトラクター、自動運転アシスト機能付きや全自動運転の田植機とコンバイン、野菜等の収穫作業等の自動化などである。また、農作業の負荷を軽減するアシストスーツも開発されている。圃場の水管理を自動で行うシステム、施設園芸内の環境計測と連動したＡＩ管理、ドローンの圃場画像の解析による栽培管理も取り組まれている。

　このような自動ロボット化により、農作業が「ほ場に入らないでできる」ことが可能となる。また、人身事故が発生しない安全な農作業が可能となることが期待される。農業人口の減少が進展している中で、それに対応しさらに生産性の高い農業を実現するためには、スマート農業の展開が不可欠なものとなっている。

　環境対策関係としては、農林水産分野においても「脱炭素社会」を実現するため、温室効果ガス削減のための取り組みの強化が必要となっている。農業機械、林業機械、漁船などについては、徹底的な省エネの取り組みとともに、その動力源については、電気利用、燃料電池利用の促進が重要である。この場合、使用する電気は、バイオマス発電による電力の優先利用が重要である。また、燃料電池の燃料としては、生物資源を発酵したバイオメタンを改質したバイオ水素の利用が期待される。バイオ水素は、最強のクリーンな燃料であることから、今後、生物資源から効率的に水素を取り出す技術や、微生物の発酵による水素、さらには人工光合成のメカニズムにより水から水素を取り出す技術など、外部エネルギーを使わない生化学的な方法の開発が期待される。

　さらに、わが国の膨大で再生可能な森林資源について、将来にわたり持続的に最大限に利用することが必要である。木質資源の利用については、発電燃料利用と熱利用だけでなくバイオマスプラスチックなどのマテリアルの高度利用を促進する必要がある。

　食品製造においては、今後一層、健康機能の高い食品の開発、食品製造工程の自動化、品質検査の自動化などが進むものと考えられる。さらに、生命科学の進展により、ゲノム編集技術、クローン技術、細胞増殖技術、微生物活用技

術などの利用により、今までにない画期的な品種や食品が生まれる可能性があると予想されている。

　加えて、最近、豪雨、台風、地震、高温などの自然災害が多発している。このため農業においても、これら災害に耐えるとともに回復する力（レジリエンス）を高めるため災害対策技術の向上が重要となる。

　イノベーションがテクノロジーとなり有効に効果を発揮するには、現場の「必要性」とマッチングすることが必要であることは言うまでもない。ニーズ（needs）とシーズ（seeds）である。どちらか一方が先行しても現実的なイノベーションとはならない。特に、生物系産業においては、イノベーションが有効に導入されるには、現場の「必要性」があることが重要である。前述の農業機械化の著しい展開、新品種の導入等は、現場の強い必要性と要望があり、現場の協力と支援があった。例えば、戦前に開発された国産の耕耘機は、重労働の重粘土水田を耕すために開発されたが、その間、地域の関係者の工夫と要望による改良を加えて開発したものである。

　また、品種の改良においても、現場の関係者の工夫と努力によるものも多い。茶の代表的な品種「やぶきた」は、地元の農家により選抜されたものである。また、有名な「南高」ウメは、地域の調査により選ばれた優良品種である。この他に、現場由来の技術開発が多くある。また、倒伏しやすい「コシヒカリ」は、現場で倒伏抑制の栽培法が開発されたように、現場で欠点を克服する技術が工夫され改良されてきた。農業関係のイノベーションは、他の分野以上に、現場の必要性とともに、現場関係者の工夫と協力が加わって展開している。

　生物系産業が持続的に発展していくため、今後とも、一層、現場の状況に対応したイノベーションが導入され、種々の課題が克服されることが必要である。これにより、消費者に豊かな農産物と食品が安定的に供給され、今まで以上に社会に貢献していくことが強く望まれる。また、現場において、事故、偽装、不正の発生を防ぎ、社会に対して食の安全・安心をさらに増進させていくことが不可欠である。このため、技術開発、生産、流通、消費の各段階において、

一層の倫理的な行動が必要である。

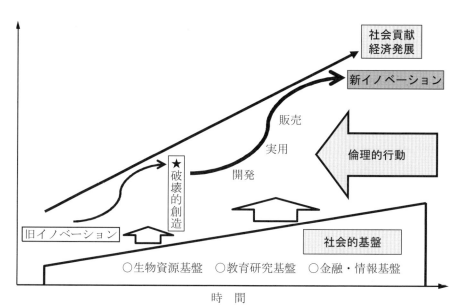

図 18-1　イノベーションと社会的貢献

引用・参考文献

・波多野精一、宮本和吉、篠田英雄訳　『カント　実践理性批判』　岩波文庫. 2011. p.78

・新共同訳　『聖書』　日本聖書協会. 1995. p.（新）11

・諸橋轍次　『論語の講義』　大修館書店. 2012. p.149、p.369

・坂本幸夫、岩本祐訳注　『法華経』全3巻　岩波文庫. 1990

・齋藤誠　『木の実・山菜食文化の系譜と蕎麦』　本人贈呈. 1991.

・宮崎安貞　『農業全書　巻一〜五』　農村漁村文化協会. 1978. p.46、p.49

・横井時敬　『稲のことは稲にきけ』　家の光協会. 1996. p.219

・新渡戸稲造　『武士道』　講談社インターナショナル. 2004

・渋沢栄一　『現代語訳　論語と算盤』　ちくま新書. 2019. p.15

・大貫章　『二宮尊徳の生涯と実績』　幻冬舎ルネッサンス. 2010

・渕上清二　『近江商人ものしり帖』　三方よし研究所. 2011

・宇沢弘文　『自動車の社会的費用』　岩波新書. 2015

・ジェームス・リーズン　『組織事故』　日科技連出版社. 2012

・杉本泰治、高城重厚　『技術者の倫理　入門』　丸善株式会社. 2008. p.36

・東京電力福島原子力発電所事故調査委員会　『国会事故調　報告書』. 2012. p.14、p.19

・金谷治（訳註者）　『新訂　孫子』　岩波文庫. 2019. p.52

・青山善充　菅野和夫　『判例六法』　有斐閣. 2006. p.502

・Rachel Carson　『Silent Spring』　Penguin Books. 2000. p22

・秋山智英　『森よ、よみがえれ　－足尾銅山の教訓と緑化作戦』　農山漁村文化協会. 1990.

・日本有機資源協会　『バイオマス活用ハンドブック』　環境新聞社. 2013

・大日本山林会　日本木質バイオマスエネルギー協会　『木質バイオマスエネルギー利用の動向と課題』　農林水産奨励会. 2020

・塩野谷祐一　中山伊知郎　東畑誠一訳　『シュムペーター　経済発展の理論　上下』　岩波書店. 2009

・宇沢弘文　『社会的共通資本』　岩波新書. 2019

・ウォルター・アイザックソン　『スティーブ・ジョブス I』　講談社. 2011

著者紹介

出身

・新潟県（加茂市）

主な職歴

・農林省農蚕園芸専門官　　　・環境庁水質保全局水質規制課課長補佐

・岡山県農林部次長　　　　　・農林水産省青年農業者対策室長

・農林水産省大臣官房参事官　・農林水産技術会議事務局研究管理官

・農林水産省統計情報部生産統計課長

・独立行政法人肥飼料検査所理事

・一般社団法人　日本有機資源協会専務理事

・公益財団法人　日本肥糧検定協会理事長

・日本獣医生命科学大学非常勤講師

・明治大学兼任講師（現在）

主な資格

・技術士（農業部門）　　　　　　　・行政書士

・土づくりマスター（土壌医検定2級）・日本茶インストラクター

特技

・尺八演奏（新都山流）

主な著書

・『みんなでつくるバイオマスタウン』（共著　日本有機資源協会　2008年）

・『バイオマス活用ハンドブック』（共著　日本有機資源協会　2013年）

せいぶつけいさんぎょう　りんりてきこうどう　かんが
生物系産業の倫理的行動を考える
げんば　じこ　ぎそう　ふせい　しゃかいこうけん
―現場から事故、偽装、不正をなくし、社会貢献のために―

2021年3月24日　印刷
2021年3月31日　発行　©　定価はカバーに表示しています。

いまい　しんじ
著　者　今井　伸治

発行者　髙見　唯司

発　行　一般財団法人　農林統計協会

〒141-0031　東京都品川区西五反田7-22-17
TOCビル11階34号
http://www.aafs.or.jp
電話　出版事業推進部　03-3492-2987
編　集　部　03-3492-2950
振替　00190-5-70255

Considerate to the ethical behavior for biological industry

PRINTED IN JAPAN 2021

落丁・乱丁本はお取り替えします。　　　　　印刷　前田印刷株式会社
ISBN978-4-541-04349-8　C3061